辽宁科技大学学术著作出版基金资助

体验需求驱动力：

打造用户期待的箱包产品

梅　云　张国峰　主　编
王舒阳　副主编

北京航空航天大学出版社

内容简介

本书以体验经济时代为背景，将用户体验与箱包设计相结合，从用户体验角度促进国内箱包品牌设计升级。通过对箱包产品国内外发展趋势探究，分别从箱包内在属性与外在属性对箱包设计进行了全方位的解析与介绍，并提出基于用户体验需求的箱包产品设计的原则与方法。同时，采用定性与定量的方法调研用户，搜集一定案例为读者进行参考，并明确箱包设计在体验角度的设计要素，为箱包的创新设计做准备。最后从箱包产品的行业标准、标准号、产品分类以及箱包的设计实践等多方面为箱包设计从业者和相关专业学生提供了一定的设计参考。

图书在版编目(CIP)数据

体验需求驱动力 ：打造用户期待的箱包产品 / 梅云，张国峰主编. -- 北京 ：北京航空航天大学出版社，2020.12

ISBN 978-7-5124-3231-4

Ⅰ. ①体… Ⅱ. ①梅… ②张… Ⅲ. ①箱包－设计 Ⅳ. ①TS563.4

中国版本图书馆 CIP 数据核字(2021)第 004048 号

体验需求驱动力：打造用户期待的箱包产品

梅　云　张国峰　主　编

王舒阳　副主编

策划编辑　董宜斌　　责任编辑　董宜斌　王红樱

*

北京航空航天大学出版社出版发行

北京市海淀区学院路 37 号(邮编 100191)　http://www.buaapress.com.cn

发行部电话：(010)82317024　传真：(010)82328026

读者信箱：copyrights@buaacm.com.cn　邮购电话：(010)82316936

北京建宏印刷有限公司印装　各地书店经销

*

开本：710×1 000　1/16　印张：7.25　字数：155 千字

2020 年 12 月第 1 版　2020 年 12 月第 1 次印刷

ISBN 978-7-5124-3231-4　定价：68.00 元

前　言

20 世纪 70 年代，著名未来学家托夫勒在他所著的《未来的冲击》一书中预言，人类社会在服务的竞争之后，下一个需要的就是体验。随后，有许多学者对体验行为进行了研究。中国的消费市场正在快速发展，但是，在快速发展的过程当中，我们不能忽视这样一个事实，那就是在消费者的观念当中，充满了很多非理性、物质主义，并且他们产生了对消费信任的缺失。消费者这种新的观念变化，就是从非理性逐渐转向理性的改变，而且消费者的消费理念呈现出更加多元化的健康发展态势。随着体验经济时代的到来，将会诞生一大批新消费用户，他们购买力强，喜欢高性价比的产品，追求理性消费。我国的消费者从曾经的"需求型购买"转化为了"情感型购买"。如今各种各样的品牌产品林立，真正吸引他们眼球的不是产品广告、品牌宣传，而是打动人心的"有情绪的内容"。产品能为消费者带来良好的体验是消费观转变带来的结果。

《体验需求驱动力：打造用户期待的箱包产品》一书中，用清晰、质朴、理性的专业语言及启发性的思维模式向读者阐述了箱包产品与用户体验相结合的必要性。本书将用户体验与箱包设计进行了交叉介绍，首先向读者简述了体验经济时代顾客的消费理念，分析了箱包产品的发展趋势、影响用户满意度的箱包产品外在属性及内在属性，分别从箱包材质、结构、图案、技术、风格、时代性、造型、品牌、工艺、配件十个方面，对箱包设计进行了全方位的解析，明确箱包设计的设计要素。然后介绍了箱包产品分类、箱包标准信息汇总表、箱包专业术语、设计实践等，为箱包设计从业者和箱包设计相关专业学生提供了一定的设计思路。

本书内容丰富、图文并茂、简明实用，适合相关专业在校学生、箱包设计师、箱包从业者及箱包爱好者阅读。本书得到了辽宁科技大学设计学院胡锡彤、王钫、张维国、舒舰瑶及 2019 级设计学专业多位研究生的大力支持，在此一并感谢。

由于作者专业水平有限，加之时间仓促，书中若有不足和疏漏之处，敬请各位读者批评指正，并希望提出宝贵意见。

作　者

2020 年 10 月

目　

第1章 体验经济时代的顾客消费理念

1.1 体验经济简介

“体验”一指亲身经历，实际领会；二指通过亲身实践所获得的经验；三指查核、考察。体验首先是一种生理感受，也是继产品、商品和服务后的一种经济物品。1999年，美国人约瑟夫·派恩(B. Joseph Pine)和詹姆斯·吉尔摩(J. H. Gilmore)共同撰写了《体验经济》一书，在书中首次系统地提出了体验经济理论，并在全世界掀起了体验经济的热潮。作者指出，体验属于心理内在的活动过程，依据参与和融入的程度将体验进行分类，从而将体验分为娱乐、教育、审美和逃避现实四种类型；最丰富的体验并不是单一的，而是需要同时融合以上四个方面。

体验经济(Experience Economy)，也叫作体验产业，是农业经济、工业经济、服务经济出现之后的第四个人类经济生活发展阶段。体验经济是服务经济的延伸，它反映了人类的消费行为和消费心理正在进入一种新的高级形态。作为一种新的经济浪潮，它主要是以客户体验为中心的经济形态，更为侧重在消费过程中有形和无形的体验。目前体验经济已影响社会的各行各业，较为成功的以关注消费者体验为核心获取巨大经济效益的案例是美国“苹果”公司的市场营销策略。从经济发展水平看，当人均GDP突破6 000美元时，消费理念和方式开始改变；当人均GDP突破10 000美元时，人们花在文化、休闲旅游、健康等方面的费用将大大增加，由满足基本的生活条件转向追求“精神愉悦”。随着我国居民人均GDP和收入水平的不断提高，人们对生活品质的追求也越来越强烈，体验经济对社会各个领域都带来了重要的、深远的影响。

本质上，体验经济被看成服务经济的一部分，具有非生产性、短周期性、互动性、不可替代性、映像性及高增进性等基本特征。其本质在于对人本身感受的关注，即通过关注消费者的需求，激发消费者在活动过程中的消费欲望，进而刺激消费行为，在经济活动中实现收益递增。书店场景体验如图1-1所示。

人们在认识水平、文化背景、生活经历、个人爱好等方面是存在一定差异的，因此，即使是在同一处场所或场景，产生的体验感受也会有所不同。但正是因为个体之间是不同的，所以个体体验存在多元化、个性化的差异，以此为出发点，可以使体验提

图 1-1　书店场景体验

供者更关注个体需求的多样性，避免走向雷同，出现同质化严重的问题。

但最终，体验只是一种手段，个体所追求的最终目的并不是体验，人们希望通过一定的体验达到身心受益、重新树立自我价值感、认同感的目的。同样，体验也不是纯粹的商品，过度追求经济的规模效应，使体验规模化、商品化，将会抹杀个性化、独特的感受，从而降低体验满意度。

1.2　体验经济的概念和内涵

1998 年约瑟夫·派恩和詹姆斯·H·吉尔摩共同撰写的《体验经济》一书中对体验的定义具有广泛的代表性。派恩认为，体验是当一个人达到情绪、体力、智力甚至是精神的某一特定水平时，其意识中所产生的美好感觉。对于企业而言，体验是企业以服务为舞台，以商品为道具，以消费者为中心，创造能够使消费者参与、值得消费者回忆的活动。在这里消费是一个过程，体验是一种感受，当活动结束时，这种体验将长久地保持在消费者脑中。消费者愿意为体验付费，因为它美好，难得，非我莫属，不可复制，不可转让，瞬间即逝。体验可分为审美体验、娱乐体验、教育体验和遁世体验。实际体验往往是多种体验的综合。由这种追求体验而提供其环境和设施，使消费者和企业经营者进行互动而产生的经济相关活动，统称为体验经济。如图 1-2 所示为嘿仓智能体验馆。

图 1-2　嘿仓智能体验馆

1.3　体验经济时代的新消费理念观

消费者的消费意识与观念正在不断变化，正是缘于社会的发展。很多消费者在追求廉价，而不是性价比。很多高收入人群，追求的是一种炫耀，而不是审美。消费者在追求自身利益最大化的同时，很少考虑社会责任和社会成本。所以，在这样一种消费观念流行的背景下，商业在迎合消费者，甚至可以说在诱导消费者。可以看到，大量价格战、价格补贴，不计成本地线上、线下引流，比比皆是。中国的消费市场正在快速发展，但是，在快速发展的过程中，我们不能忽视这样一个事实，那就是在消费者的观念当中，充满了很多非理性、物质主义，并且他们产生了对消费信任的缺失。消费者这种新的观念变化，就是从非理性逐渐转向理性的改变，而且消费者的消费理念呈现出更加多元化的健康发展态势。可以观察到，现在消费者已经从价格导向，逐渐转化为价值导向、个性化导向，同时也更多关注环境，更多考虑他们的消费行为对于环境和社会的影响。新消费，首先的一个重要变化，就是消费观念正在从一种落后状态，逐渐向更加理性、更加成熟的方向转变。小米 3C 体验店如图 1-3 所示。

图 1-3　小米 3C 体验店

体验经济,会伴随诞生一大批购买力强、喜欢高性价比产品、追求理性消费的新消费用户。这会将我国的消费者从曾经的"需求型购买"转化为"情感型购买"。如今各种各样的品牌产品林立,真正吸引他们眼球的不是产品广告、品牌传播,而是打动人心的"有情绪的内容",产品能为消费者带来良好的体验是消费观转变带来的结果。

1.4 体验设计与"互联网+"

从美国经济学家约瑟夫·派恩和詹姆斯·H·吉尔摩提出"体验经济"之后,体验经济便一跃成为热门话题,很快就出现一批衍生名词,如"体验营销""体验设计"等,并有同名专著《体验营销》《体验设计》问世。体验设计是将消费者的参与融入设计中,在设计中把服务作为"舞台",产品作为"道具",环境作为"布景",力图使消费者在商业活动过程中感受到美好的体验过程。体验设计的目的是在设计的产品或服务中融入更多人性化的东西,让用户能更方便使用,更加符合用户的操作习惯。体验设计在各个行业都备受关注,尤其在互联网产品领域。用户体验在此领域的重要性与互联网产品自身的特点息息相关。"互联网+"让体验设计在传统产业升级方面发挥出更好的作用。如图 1-4 所示为马斯洛需求理论。

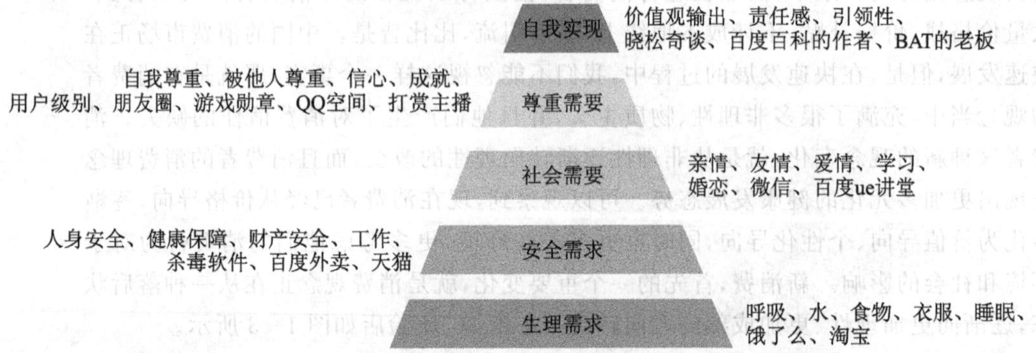

图 1-4 马斯洛需求理论

2015 年 7 月 4 日,国务院印发《国务院关于积极推进"互联网+"行动的指导意见》。2020 年 5 月 22 日,国务院总理李克强在发布的《2020 年国务院政府工作报告》中提出,全面推进"互联网+",打造数字经济新优势。"互联网+"是互联网思维的进一步实践成果,推动经济形态不断地发生演变,从而焕发社会经济实体的生命力,为改革、创新、发展提供广阔的网络平台。"互联网+"并不是简单的两者相加,而是利用信息通信技术以及互联网平台,让互联网与传统行业进行深度融合,创造新的发展生态。它代表一种新的社会形态,即充分发挥互联网在社会资源配置中的优化和集成作用,将互联网的创新成果深入融合于经济、社会各领域之中,提升全社会的创新力和生产力,形成更广泛的以互联网为基础设施和实现工具的经济发展新形态。在

“互联网＋体验设计”之下诞生的产品，是以满足用户需求为根本，设计者可借助互联网技术，站在用户角度探究用户体验与现代产品设计的关系。

“互联网＋体验设计”的产品既有体验设计的人性化特点，又有互联网产品的高效便利性，通过两者融合后设计提高产品的竞争力，为用户创造更完善的体验。

1.5 国内箱包品牌的困境

20 世纪 90 年代以来，我国箱包行业取得了飞速发展，无论是生产总量还是出口总量，我国都是位居世界第一，其中年产量占据世界的 1/3。与此同时消费者消费箱包的品牌化趋势也愈发明显，但我国迄今尚未形成一个真正意义上的国际箱包品牌，学术界对我国箱包品牌国际化也缺乏系统的研究。

由于国内箱包市场局面混乱，多数中小型箱包企业缺少自主品牌，箱包产品没有竞争力，这些产品除了以价格低廉吸引消费者外，再无其他加分点。虽然目前国内的箱包品牌众多，但在高端市场，基本上都是外资品牌在把守。外资品牌凭借其跨国公司的雄厚资金实力，以及强大的推广力度，牢牢控制着我国一线城市。内忧外患之下，国内箱包品牌建设进入了恶性循环，价格战、购物节成了吸引顾客的主要手段。我国箱包企业应该意识到，自主研发的产品具有优势才可以赢得竞争力，树立原创品意识，提高自己产品的实力，方可获得最终的成功。中国虽说文化产业、品牌意识都还没有达到最高级别，但正在朝着越来越严谨的方向发展。据中国品牌网数据显示，2018 年上半年最受中国消费者喜爱的十大箱包品牌，从第一名依次排列，分别为：新秀丽、路易·威登、皇冠、威豹、外交官、圣大保罗、达派、金路达、轩尼小熊、爱思。其中轩尼小熊作为中国原创时尚织锦类箱包品牌，秉承原创才是真个性的品牌理念，获得过政府及行业内多项大奖，并凭借先进水平及原创理念已经发展成为中国织锦类箱包品牌第一名，成为国产织锦类箱包品牌的领头羊。

1.6 用户体验驱动下的箱包品牌升级——用户需求与箱包品牌的关联分析

箱包品牌的升级是用户需求发展的必然，其不仅要求技术上升级提高，而且要求从用户需求的角度进行考量，在体验层面进行品牌升级。重视用户需求是箱包品牌转型升级的关键。基于箱包产品用户的需求包括：对产品的需求、对服务的需求、对情感的需求、对自我实现的需求等。箱包品牌想获得用户的赞赏，就要深入挖掘用户这几方面的需求，以需求驱动箱包品牌建设，用颠覆性的创新来满足用户的期待。

需要(needs)和需求(demands)是两个不同的概念。正所谓“欲望无限，需求有限”。马斯洛认为，人类具有一些先天需求，越是低级的需求就越基本，越与动物相似；越是高级的需求就越为人类所特有。而且这些需求都是按照先后顺序出现的，当一个人满足了较低级的需求之后，才能出现较高级的需求，这是需求层次。也就是说，同样的箱包，满足消费者的需求层次越高，消费者能接受的产品定价也越高。市场的竞争总是越低端越激烈，价格竞争显然是将“需求层次”降到最低，消费者感觉不到其他层次的“满意”，愿意支付的价格当然也低。所以，用户需求是与箱包品牌建设密不可分的，深度挖掘用户需求，以需求战略创新品牌是箱包企业顺应体验时代潮流、符合新消费理念的重要对策。

第2章

包产品的发展趋势——包时代性分析

箱包产品在我们的生活中随处可见，用户对箱包产品的基本需求则是容纳物品，具备基本需求之后才是其他需求。而箱包的时代性就是有属于时代的特征或特性，是那个时代的代表性物件或标志。包饰也紧跟人们的生活状态和需求而改变，随着时代更迭，人们对于包饰的诉求也大有不同，所以包也能很好地反映每个时代的特征。本章将根据中西两个方向进行大的时代背景分析。

2.1 中国包的演化

春节等长假期间，人们带着各种大包小包出行的场景历历在目。在中国古代，衣服大多没有口袋，古人出行时“包”更是不可或缺。在最早的文字——甲骨文中，已可以找到“包”字。汉代出现的一种叫“绶囊”的“包”，使人们带什么“包”还成为身份的象征。唐代的高级包有“紫荷”“金鱼袋”等，而古代女性最钟情的“包”则是“香囊”。大家都知道，古人的钱币都是沉甸甸的“硬通货”，但古人衣服大多没有口袋，那么古人是用什么来装钱的呢？

在清代以前，服饰都是以汉服为主。汉服的一大特点就是宽袍广袖，虽然没有口袋，但聪明的古人通常会在袖子里面缝一个“跟袖口方向相反的束口口袋”，口袋呈梯形，只要束紧袋口，不管怎么活动，都不用担心物件会掉出来。袖袋中一般放的是一些重要的小物件，比如书信、散银或大额银票。袖袋相当于今天的零钱包，只放重要证件和零钱，大件物品是放不下的，“袖珍”这个词就是由此而来的。除了金钱，袖袋中还会放一些急用药物，所以古代医术常被命名为“肘后方”。“城中好大袖，四方全匹帛”，宽袍广袖虽然大气端庄，但既浪费布匹，穿起来又行动不便，所以这种服装只适合王公士大夫和读书人穿。

想一想，底层人民天天要下地耕作，穿短袖才是最佳选择。所以从袖子上可以体现阶层地位，孔乙已穷得叮当响，他唯一能守住的“尊严”，就是一件长衫。

因此，古代平民百姓经常穿短褂(相当于今天的褂子)，自然也就没有袖袋可以装东西。所以他们主要依靠褡裢充作钱包，如图 2－1 所示。

图 2-1 褡裢钱包

“包”最早并不叫“包”,先秦时期的“包”叫作“佩囊”。佩囊是古代使用最早、流行时间最久的包,像钥匙、印章、凭证、手巾一类必须随身带的东西,大都放在这种囊内。因为外出时多将其佩戴于腰间,故谓之“佩囊”。从文献记载来看,先秦时人们已有带包的习惯,即所谓“佩囊之俗”。《诗经·大雅》中的《公刘》一诗写道:“乃裹糇粮,于橐于囊。”大概的意思是,带着干粮准备远游,大包小包都装得满满的。古代的包也有大小之别,汉代学者毛亨称“小曰橐,大曰囊”;制作材料也不一样,有皮包和布包之分,春秋时期用动物皮革制成的包称为“鞶囊”。佩囊如图 2-2 所示。

图 2-2 佩 囊

20 世纪 80 年代,位于新疆鄯善苏巴什的古墓群中,出土了先秦时代的包,这些包均是用纤细的皮条缝制而成的。其中一只较大,是方形皮袋,羊皮质地,上面还有一根拴系用的皮带,形似箭袋;还有两只是形状相同的小皮袋,小口大腹,外饰红色。

古人的“佩囊之俗”，专家推测起源于士兵配备的箭囊。佩囊实用方便，从先秦用到了明清，虽然名称和款式多有变化，但人们都少不了佩囊。因为佩囊里面贮放的多是必用或值钱的东西，也会被小偷盯上。南宋周密在《癸辛杂识》(续集上)“成都恶事”条记述了这么一件事，一人在酒店捡到了钥匙状的东西，不知是何物，就暂时装到自己的包里。后来被三四个小偷拦住，才知道“此物探囊胠箧之具”。原来，那钥匙状的东西是小偷行窃的专用工具。由此可知，一是当时人们外出有带包的习惯；二是南宋时已有撬箱划包的专业小偷。

汉代最能显示身份的“包”，叫作“虎头鞶囊”。《宋书》曰：“汉代着鞶囊者，侧在腰间。”汉朝时，佩囊被称为“縢囊”。縢囊是一种小包。据《后汉书·儒林列传》记载，当年董卓作乱迁都时，东汉国家图书馆里所收藏的那些丝帛书籍，大的被连缀成帷帐车盖，小的就被做成了佩囊。为藏书而损毁实乃可惜，此即所谓“其缣帛图书，大则连为帷盖，小乃制为縢囊”。

汉代出现了一种叫作“绶囊”的方形包，是皇帝用来赏赐臣僚的。有绶囊的人自然是有官爵之人，所以，“包”成了身份的象征。绶囊也叫作“旁囊”，主要用于盛放印信一类的东西。《宋书·礼志五》称：“鞶，古制也。汉代着鞶囊者，侧在腰间。或谓之“傍囊”，或谓之“绶囊”。然则以此囊盛绶也。或盛或散，各有其时乎。因为“包”已与身份联系起来，所以在图案、色彩上都有规定和讲究。绶囊最常用的图案是兽头，故称“兽头鞶囊”。兽头中又以虎头使用为多，因此又有“虎头鞶囊”之称。

东汉史学家班固在《与窦宪笺》中称：“固于张掖县受赐虎头绣鞶囊一双，又遗身所服袜三具，错镂铁一。”《东观汉记》也有类似说法：“邓遵破诸羌，诏赐遵金刚鲜卑绲带一具，虎头鞶囊一。”除兽头之外，有些朝代的包还用兽爪图案。据《隋书·礼仪志》记载，北朝的包即为这种兽爪包：“鞶囊，二品以上金缕，三品金银缕，四品银缕，五品、六品彩缕，七、八、九品彩缕，兽爪鞶囊。官无印绶者，并不合佩鞶囊及爪。”如图 2－3 所示为汉代官吏腰间佩戴虎头鞶囊。

图 2－3　汉代官吏腰间佩戴虎头鞶囊

在唐代最上档次的“包”称为“金鱼袋”。《新唐书》曰：“随身鱼符者，以明贵贱。”与绶囊同样能显示身份的包还有“笏囊”，也称“笏袋”。“笏”即笏板，是官场用的简易手写板，大臣上朝时用其记录“最高指示”和自己要上奏的话。盛放笏板的包便是笏囊。

与绶囊多用青色不同，高级笏囊多用紫色，古人称之为“紫荷”。紫荷也是唐朝官场上的高级包。《宋书·礼志五》记载：“朝服肩上有紫生袷囊，缀之朝服外，俗呼曰紫荷。”

在唐代,最能显示身份的包是“鱼袋”。绶囊是装印信的,而鱼袋则是盛放符契这类“身份证”的。唐朝官员的身份证明制成鲤鱼形,故名鱼符。凡五品以上官吏穿章服时必须佩戴鱼符;中央和地方互动,也以鱼符为凭信。凡有鱼符者俱给鱼袋,使用时系佩于腰间,内盛鱼符。鱼符有金、银、铜等质地,以区别地位;鱼袋也通过金、银装饰来分辨高低。据《新唐书·舆服志》记载:“随身鱼符者,以明贵贱,应召命……皆盛以鱼袋,三品以上饰以金,五品以上饰以银。”

用金子装饰并盛放金质鱼符的鱼袋,称为“金鱼”或“金鱼袋”,这是当时最高档次的包,唐朝韩愈《示儿》一诗称:“开门问谁来,无非卿大夫。不知官高卑,玉带悬金鱼。”唐朝低级官员出使国外时,常会借高级官员的紫金鱼袋抬高身份,谓之“借紫”。

宋朝使用的“鱼袋”也有金鱼袋、银鱼袋之分,但仅是一个空包,鱼符被废用了,仅在这种包上绣上鱼纹,凡有资格穿紫红、绯红官服的高官均可用这种包。

金代“书袋”以“紫襜丝”级别最高。《金史·舆服志》记载:“省、枢密院令”等“用紫襜丝为之。”除笏囊、鱼袋外,古代官场、文人间还有一种包很流行,这就是用来盛放计算工具、文具一类的“算袋”。五代王定保《唐摭言》有诗称:“老夫三日门前立,珠箔银屏昼不开。诗卷却抛书袋里,譬如闲看华山采。”

其实,“算袋”这种包很早就有,但汉代称“书囊”,也称“书袋”。《汉书·孝成赵皇后传》记载:“中黄门田客持诏记,盛绿绨方底。”唐颜师古注:“绨,厚缯也。绿,其色也。方底,盛书囊,形若今之算幐耳。”

宋朝称算袋为“昭文袋”,也称“照袋”“招文袋”,民间则称其为“刀笔囊”,一直到明清都在使用。明朝时还出现了乌皮包,方以智撰《通雅》引《眉公记》称:“王太保从苍头携照袋,贮笔砚。袋以乌皮为之。”

金代也使用算袋,但称为“书袋”。《金史·舆服志》记载,金世宗时,为区别官吏与庶民,曾颁布诏令:“省、枢密院令、译史用紫襜丝为之;台、六部、宗正、统军司、检察司以黑斜皮为之;寺、监、随朝诸局、并州县,并黄皮为之。”

到了元明清时代,由于新物件的出现和使用,人们对包的款式和功能要求也越来越多,如放钱放物的多用包“褡裢”、放烟丝的“烟袋”、放扇子的“扇囊”、放挂表的“表帕”、装饰价值更高的“荷包”等。其中 “褡裢”为双层袋子,长方形,中间开口,两头放钱,使用时从中间对折,搭于臂膊上,故又称“搭膊”。因为搭膊多用来装钱,民间干脆呼之为“钱袋子”。因为“袋”与“代”谐音,常用之赠人,以讨“代代有钱”的口彩。古代人民在需要装较多物品的时候就会用到褡裢。褡裢款式有大有小,大的可以搭在肩上,小的可以挂在腰带上,就好比今天的挎包。

古时,商人或先生外出时,总是把褡裢搭在肩上,以此来解放双手。再大一些的褡裢就适合装行李和干粮,让驴或者马驮着。而其最大的缺点就是包内没有隔袋,东西乱成一团,并且目标过大,容易碰上梁上君子。

提到褡裢,就不能不提荷包。“路遥背褡裢,情深配荷包”,褡裢和荷包是中国古代使用最广、影响最深的钱包样式。荷包如图 2-4 所示。

(a) 荷包1

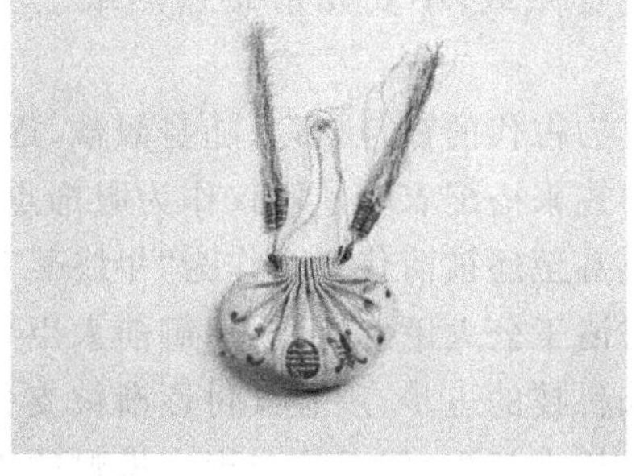
(b) 荷包2

图 2-4 荷 包

古代女性最青睐的“包”是“香囊”,《定情诗》云:“何以致叩叩,香囊系肘后。”在早期,皮包大多是男性使用的,而布包才是女性用包。《礼记·内则》有这种说法:“男鞶革,女鞶丝”。汉郑玄注:“鞶,小囊,盛帨巾者。男用韦,女用缯,有饰缘之。”到后来,男包也可以用布帛制作。

唐朝女性的包最新潮华贵。如在敦煌莫高窟第十七窟北壁有一幅壁画,画面上一位近事女头梳双丫髻,一手执杖,一手持巾,身边的树枝上挂着一只豪华女包。

古代女性最喜欢的包是“香囊”。香囊又称“薰囊”“香袋”,用布帛制作,里面放的不是物什,而是香料一类的东西。由于香囊既可作为饰物,又能散发出令人愉悦的香气,早在先秦时期,女性就已开始佩戴香囊。《礼记·内则》记载:“男女未冠笄者……皆佩容臭。”容臭就是后来说的香囊。

到汉魏时佩戴香囊已流行开来,魏繁钦《定情诗》曰:“何以致区区,耳中双明珠。何以致叩叩,香囊系肘后。”1970 年发掘的湖南长沙马王堆 1 号汉墓中曾出土多只薰囊,在墓穴内的两个边箱里就发现 4 只香囊。唐玄宗的宠妃杨贵妃也特别喜爱香囊。据宋乐史《杨太真外传》记载,杨贵妃临死时身上还挂着香囊:“及移葬,肌肤已消释矣,胸前犹有锦香囊在焉。”

古代女性喜欢香囊,其实还有一层特殊的意思,往往把“包”视为“定情之物”。唐孙光宪《遐方怨》即称:“红绶带,锦香囊,为表花前意,殷勤赠玉郎。”荷包,现在提起来,大家第一个想到的会是男女定情信物。其实,荷包刚出现时是作为钱包使用的。

荷包历史悠久,从汉代开始,古人就有佩戴荷包的习俗。到南北朝、唐代时期,古人开始有端午佩戴荷包的习俗,并认为能辟邪求平安。到清代,荷包发展至鼎盛,帝王、亲王及达官贵人无不佩戴荷包,荷包虽长宽不盈掌心,却逐渐成为身份的象征,有“寸缣之幅,意扬千里”的美谈。荷包造型多样,如圆形、椭圆形、桃形、如意形等;图案有繁有简,如花鸟鱼虫、山水、人物以及诗词文字皆有。古人讲究“图必有意,意必吉祥”,荷包不仅有时间沉淀的古韵之美,更有很多美好吉祥的寓意。荷包是中国传统的定情信物,恋爱中的女子往往会自己亲手绣荷包给情郎以表衷情。《红楼梦》中,黛玉曾送给宝玉一个,后来误会他送给了别人,赌气把正在做的一个给剪了,却不知宝玉已将它贴身佩戴,小女儿情态跃然纸上。《定情诗》即云:“何以致叩叩,香囊系肘后。”

荷包作为古代的钱包,古人随身佩戴,逐渐演化成为一种服饰时尚。古人还会根据荷包的样式来搭配衣着。不仅作为服饰点缀,古人更是通过佩戴荷包希望能留住财富。荷包甚至还被清代皇帝作为“年终奖”赏赐给大臣。《啸亭续录》就乾嘉时期记载:“岁暮时诸王公大臣皆有赐予;御前大臣皆赐‘岁岁平安’荷包一。”然而随着现代生活方式和科技的进步,现金支付逐渐被支付宝、微信等电子支付替代,钱包被随身携带的次数越来越少,但是钱包抱金携财的美好寓意是不能被取代的,金钱尽入包是每个人的理想和追求。因此,现在很多人开始随身佩戴有钱包和古钱币元素的首饰,希望自己能够财入囊中,吉运满满;并且,相传古钱币可以辟邪保平安,完美弥补了现代钱包的小小缺陷。

时尚一圈圈地旋转,终究会回到原点,如同钱包一般。金钱尽入包,这是人们长久以来最朴素美好的愿望。钱包的进化史,也反映了人们对金钱的热爱。

作为一个热爱红尘俗世的人,怎么会不热爱金钱。让我们愉快地伸手拥抱铜臭味,去想去的地方,吃爱吃的食物,爱想爱的人。

2.2 西方包的演化

中世纪时期西方男女会在腰上放置一个小袋子,袋子里放钱币、珠串或香盒。除了用来装东西,这时候的包包,还能传达出使用者的婚姻状态。而包包的工艺和材质也能体现主人的经济水平和社会阶层。

在 16 世纪,女包是见不得光的,就像贴身衣物一样藏在裙子里。而生活在 17 世纪那个奢靡的年代,女人们会互相赠送一种放有香粉或者草药的刺绣包袋。之后,男人的裤子出现了口袋,而女人的裙子变得更加贴身了,包没有地方可以藏,因此,手包就出现了,西方女士包袋如图 2-5 所示。

图 2-5 西方女士包袋

19 世纪工业时代,火车旅行让男人拿起了应运而生的实用箱包,LV 最早是制作火车箱包起家的。这时候绝大部分女性的日常是跟闺蜜约约下午茶或看戏,需要带的私人物品很少。

所以第二次世界大战之前，女性之间最流行的是一只小小的精致手拎包，包内放一些个人必须用的化妆品和零钱，最多再加个烟盒，如图 2-6 所示。

(a) 第二次世界大战之前的女士包袋1

(b) 第二次世界大战之前的女士包袋2

图 2-6　第二次世界大战之前的女士包袋

而到了第二次世界大战时期，由于女性的工作和出行需要，包里需要放的东西越来越多。除了化妆品之外，还要携带手帕、手套、香水、零钱包、钥匙包和镜子等各种随身物品。女包越来越大，解放双手的肩带包和双肩背包也在这个时候出现，如图 2-7 所示。

(a) 第二次世界大战时期的女士包袋1

(b) 第二次世界大战时期的女士包袋2

(c) 第二次世界大战时期的女士包袋3

图 2-7　第二次世界大战时期的女士包袋

而这时候的英国，政府鼓励人们随身携带防毒面罩，制造商们还为此制造了一款防毒面具包。

但如果仅仅是为了满足实用性的话，世界上永远不需要那么多的包包。1969 年，时尚杂志 *Vogue* 的广告中，有一篇展示带 logo 包的软文，文中是这么写的："让全世界知道你是 Gucci 的粉丝，是俱乐部的一员。"这是带 logo 包的第一次出现，也顺手带起了一波时尚节奏。带 logo 标志的包，从此占据了奢侈包界的主导地位，女人见了挪不动腿,并且一直流行到今天。还有 LV 的“老花”图案,最早其实是为了防伪设计出来的,如图 2-8 所示。

图 2-8　LV 的“老花”图案设计

尽管世事变迁,时代更迭,女生对包包的热爱,却不曾动摇一丝一毫。

2.3 总　结

无论是东方还是西方,对包的需求都是便于携带随身物品。

场合的不同导致所带物品的大小和多少存在差异,所以包的种类繁多。但是包在任何一个历史时期都没有消失,不仅具有使用价值,而且发挥了它的潜在价值,也就是身份地位的象征。在具有明显阶级问题的时期,上层贵族的包饰除了设计精美外,更多的是对于人们地位的证明,能够有效地满足人们的内心需求。如今由于科技的进步,中西文化的交流互通,包的发展历史对于现今的包饰发展有着风格的继承影响,对于包饰的设计有较大的参考价值。包的时代性催生了包的风格差异,其时代性产物包括巴洛克、小香风、简约风、工装风、宫廷风、清新风、学院风等不同风格,所以包的时代性萌生了许多种包的风格,各个时代的印记也体现于现今的设计形式中。

第3章

影响用户满意度的包产品外在属性

3.1 包图案分析

图案作为服饰产品中重要的设计元素之一，对于服饰产品风格的塑造与表现都发挥着无可替代的作用。包作为重要的服饰产品，其图案就显得尤为重要。本章通过对包中的图案进行分类研究，挖掘箱包设计中的创新元素，并从各方面加以分析，从而获得更多包设计的新亮点，并将其更好地运用在包设计当中。

一、背景介绍

从古至今，包就是用来容纳物体的袋子，包产品不仅是时代的产物，也受到文化、宗教、工业发展的影响，并且随着科技的进步而不断发展。从包图案的变化中也可看出包时尚的发展史。19 世纪早期，家庭式小手工业的兴起和珠绣、刺绣业的繁荣，致使手工箱包中繁复的珠绣、刺绣图案风行一时；第二次世界大战后，经济衰退，实用主义盛行，包以简洁大方的款式居多，省略了繁杂的装饰，以实用性为主；近年来人们开始追求个性与独特，各式各样有着独一无二图案的箱包品牌又受到人们的青睐。包设计中图案的变化，也正是包设计史与时尚史变化的一个缩影。包图案设计是指以图案素材为基础，将筛选过的图案进行必要的设计变化，使其符合箱包的整体造型、风格特点和流行时尚。

器物的装饰花纹包括纹样，纹样是图案的构成要素之一。包作为重要的服饰品，其图案就显得尤为重要。图案在现代包设计中应用范围较为广泛，几乎包括了所有的包种类。要想应用好图案要素，首先要对常见的包图案类别及特点进行充分了解；其次，要掌握包的流行趋势、风格特征，有针对性地选取图案类型，在此基础上进行改进设计。21 世纪的民众，追求的图案慢慢趋向简单化、自然化。而现阶段对于箱包图案的应用探索略显不足。本章以图案元素作为切入点，抛砖引玉探索现代箱包设计。

二、现代包设计中的图案类型

(一)简单型图案

1. 标识性图案

标识性图案主要是由品牌标志结合简单图形所构成的,最初以防伪为主要目的,在长期的使用过程中不断完善变化而广为人知,并成为品牌经典图案,以识别为主要目的。如 LV(路易·威登)的经典 Monogram 图案,一开始 LV 的创始人在帆布包上画下由 LV 字母构成的图案是为了防伪,与别的品牌相区别。图案的设计来源受"新艺术运动"影响,由浮世绘、和服图案、日本传统家徽这三种风格组成,并流传至今。该图案已经成为 LV 标志性的存在,被运用在其各类产品及各种材质上。根据基本图案,LV 图案又进行了新的创意与结合,如图 3-1 所示。

图 3-1 LV Monogram 图案

2. 简单图案

(1) 动物纹样图案

动物纹样图案是将皮革表面经过特殊处理所呈现的动物、植物等纹样,带有特殊的效果。这种图案单一或拼接使用在箱包设计中,并不构成图案设计,如图 3-2 所示。

(2) 简单几何图案

运用几何图案的分割与重复构成简单几何图案,以皮革拼色、拼接或彩色印刷为主,图案重复且简单,多为条纹、几何块的拼接,块面清晰,多应用于简洁大方型包袋,如图 3-3 所示。

图 3-2　动物纹样背包

图 3-3　几何图案背包

（二）组合型图案

1. 全幅型图案

可用整幅图案组合来覆盖包大面或整个箱包。该类型图案风格较广，如插画、漫画、服装图案等，内容繁多，如卡通、人物、花鸟、建筑、照片等，这些图案均可应用于箱包设计。很多国际品牌箱包与服装会使用相同的全幅型图案，如图 3-4 所示。

图 3-4　全幅型图案包

2. 点缀型图案

在箱包设计中，可小范围地使用图案作为流行元素用于点缀。这种点缀型图案不像全幅型图案那样鲜艳、引人注目，而是较为低调，更添趣味性。在包面一角或手挽、包侧、包底、吊牌，甚至包内均可使用，图案精致而不夸张，让传统的包款更添时尚，让单色的包款更添趣味，如图 3-5 所示。

3. 几何重复型图案

可用一个或一组图案进行四方连续或整组直接重复,应用在箱包设计中。几何重复型图案多为彩色的,色彩鲜艳,容易吸引人们的注意,在箱包设计中可以灵活运用在局部或整体,令整个包款更为活泼,如图 3-6 所示。

图 3-5　点缀型图案包

图 3-6　几何重复型图案包

三、平面图案设计原则

平面图案服从性设计包括以下四个方面。

1. 素材服从

所谓素材服从,是指按照素材来源类型进行服从性设计,大致可分为人物图案、动物图案、植物图案、风景图案、几何图案、文字图案等。箱包中的人物图案常选用写实人物,多为著名人物或者大众所熟知的一些影星形象;动物图案多以卡通形象呈现的较多,以此来体现包袋可爱、甜美的风格;植物图案多用于一些传统、复古风格的包袋;几何图案则多用于时尚箱包造型中,不同的几何形态给人以不同的感受,以直线形态为主的几何图案给人以简约、干练、现代的感觉,而带弧度的几何图案则体现出自由、不受约束之感;文字图案在近年来的箱包设计中出现得较为普遍,通常将品牌名称或者字母标识设计变化后再加以运用。

2. 形式服从

所谓形式服从,是指按照图案的组成形式来进行服从性设计,可分为单独图案、适合图案、连续图案等。

单独图案是完全独立的图案形式,不受任何"形"的约束而自然存在。单独图案有着视觉冲击力强、造型自由无约束的特点。其应用位置也较为自由,几乎可以放置在包上的任何显著位置。单独图案主要用于女包和学生包,在男包中的应用相对偏少一些,如图 3-7 所示。

适合图案指的是其造型及其组织变化局限于一定的"廓形"内的图案类型。适合图案有着规律性强、严谨而富有艺术性、内外结合巧妙的特点。“廓形”既可以是隐性的，也可以是显性的。隐性的“廓形”主要是由包部件的叠压、相交而产生的；显性的“廓形”就是箱包某个单独部件所形成的内轮廓。适合图案主要有形体适合、角隅适合及边缘适合等类型。包中应用较多的是形体适合图案，常见的形体适合图案又可分为方形、圆形、部件形等。适合图案常被应用于古典风格的女时尚包、化妆包中，如图 3－8 所示。

图 3－7　单独图案包

图 3－8　适合图案包

连续图案是以同一单元形为元素，按照一定的方向连续不断进行重复排列的图案。连续图案有二方连续图案、四方连续图案两大类型。二方连续图案是基本单元图案按照一个方向进行反复排列所构成的图案形式，主要应用于箱包部件边缘处或者条带状部件上。四方连续图案是基本单元图案按照四个方向进行反复排列所构成的图案形式，其应用较为广泛。在箱包中进行设计应用时，有整体应用、局部应用两种形式。整体应用时，视觉冲击力较强，但若应用不好，包整体效果则会显得杂乱无章。局部应用时，往往能形成视觉亮点，使箱包整体的层次感更加突出。

3. 立体图案服从性设计

立体服从性图案，是指所采用的图案向外延伸，形成强烈的视觉空间感并有一定“深度”的立体图案，其特点是空间感强、有层次。其常用的呈现形式有钉坠、立体贴花等，多用于时装包、休闲包中。另外常常悬挂或镶嵌于包体中具有搭配特点的零部件，也属于立体图案的一种，如图 3－9 所示。

4. 半立体图案服从性设计

半立体图案服从性设计是介于平面图案服从性设计与立体图案服从性设计之间的一种形式，图案本身向内或向外延伸时形成一定的视觉空间，但“深度”较小，触觉上有一定的凹凸感，类似于浅浮雕的效果，如图 3－10 所示。半立体图案常见的呈现手法有编织、雕刻、镂空等工艺形式，多用于晚宴包、传统风格的男士包、功能包等。图案的服从性设计中，包居于主导地位，图案元素的造型、寓意或象征作用会服从于包的整体风格。这样的设计往往受到的限制性因素较多，创新的幅度有限，但其优势在于通过较简单的技术手段和低廉的生产成本便可改变包产品的面貌。倘若想借助图案要素获得更高的创新度,进行更具个性化的时尚箱包设计,则需要很好地应用图案的适应性设计。

图 3-9　立体图案包

图 3-10　半立体图案包

四、图案元素在箱包设计中的创新

(一) 造型上删繁就简

在图案创意设计中,以现代设计手法对以往图案删繁就简,发挥应有的价值,为当今设计艺术服务。对以往图案删繁就简的造型方法为:在保留原有图形意味的基础上,通过现代图形创意设计中的加减、取舍、解构、重构、分解、组合、变异等手法,结合节奏、韵律、均衡、对比、调和等视觉形式美的原则,创新设计出符合现代审美要求与生活需求的图形创意作品,实现向现代图案创意设计转化。

(二) 形式上融汇东西

东方图案设计讲究形与意融合,追求形式美感,注重传统审美意蕴的体现。与之相比,西方图案创意讲究理性,追求符合规律、发现规律、总结规律,注重设计表现技法在图案创意中的体现。在当代图案创意设计中融汇东西的可行途径为:以充满传统文化底蕴、具有视觉审美意蕴的传统图形为基础,通过源于西方现代视觉设计的造型观念与设计手法等进行突破与创新。融汇东西方文化,不是简单地拼凑,而是有机地融合与重构,让东西方文化、观念、设计和谐共处、兼容并蓄,在图案创意设计中体现出一种“你中有我、我中有你”的全新风格。

(三) 色彩上除旧布新

图案创新中的设计往往需要结合多种手段,例如现代色彩心理学、现代科技手段,除旧布新,赋予色彩新的内涵。根据色彩心理学,色彩由视觉开始,经历知觉、感情到记忆、思想、象征等,其过程极为复杂,其本质是由人们已有的色彩经验到对色彩的心理反应。因此,不同的地域环境、文化背景、风俗习惯都会对图案色彩的心理感受产生不同的影响。在图形创意设计中,要运用现代视觉设计用色的规律与手法,如通过色相的删减、明度的升降、纯度的调和及电脑科技手段的运用等，使图案色彩散发出新的生命力。

五、图案在包设计中的重要性

包设计中出现图案是近年来包设计的一个主流方向。每个包品牌几乎都配合自己的主题在产品上应用了不同的图案，这些图案应用在包设计中有着不同的作用和目的。对现代包品牌中包图案的研究，实际是换了一个不同的角度，对包的时尚潮流变化做一个总结，从而探索包设计的流行趋势，并阐述包中的图案与流行时尚、文化、科技等因素之间的关系，分析面料图案在包设计中的使用特点及潮流走向，从而为国内外的包设计师在包设计中选择合适的流行元素提供参考。

图案纹样设计作为包设计中的重要元素之一，对于包的整体设计有着举足轻重的作用。在设计时，不仅要根据图案自身的类型、形态以及呈现方式进行有效设计组合，而且要兼顾图案与其他设计要素之间的关系，使整个包体的设计能够浑然一体、相互补充，从而达到最佳的设计效果。在包设计的不断创新中，在图案上所做的变化也是创新手段的一种，其目的是让产品独一无二地展现自己独特的魅力，从而引发人们的关注和购买欲。图案在时尚箱包品牌中的运用说明了人们对箱包、手袋美观性的不断追求，同时也是对独一性和个性化的追求。不同面料图案表达了设计师的不同想法，同时顾客的购买情况也展现出了受众不同的需求。

3.2　包造型分析

随着消费者需求的改变，包的材质更加多样化，真皮、PU、涤纶、帆布、棉麻等质地包引领时尚潮流。同时，在越来越标榜个性化的时代，简约、复古、卡通等各类风格也从不同侧面迎合时尚人士张扬个性的需求，而且包的款式也由传统的商务包、书包、旅行包、钱包、小香包等不断拓展。

包在人们的印象中多是方方正正的立体造型，客观存在的外轮廓和内空间是造型的表现主题。从盛放物品的实用角度看，方正的造型确实比其他任何形状的内部容量都要大，而且利用率高，视觉的稳定感较强。因此，一些比较传统的款式和强调功能性的类别多是线条单纯明确、造型简单规整的方正轮廓。比较常见的轮廓主要有长方形、正方形、梯形以及由圆弧形与方形组合的一些较为规则的几何体。它的设计思想是强调使用的功能性和制作的经济性，反映的是单纯、经典的审美趣味。

自从人类感知和利用形状以来，形状被赋予功能性，功能性又成全了形状的不断变化，几乎同时，形状的形式情感也随之产生了。

一、包造型的形状

人们对形状的形式情感总是在几何形状与自由形状、人工造型与自然形状之间协调平衡,导致自由形状与几何形状结合,抽象造型与具象造型结合,几何装饰与拟形装饰结合。例如在几何体的框架结构中穿插自由的植物图案装饰纹样,既有活泼的情感化的生命具象再现,又有规则的理智化的几何抽象表现,形状的形式情感取得了和谐统一。

形状是产品的外轮廓,人们对产品获取的形状感知、认知取决于产品的外部轮廓线和视觉感知强度。形状的秩序越好、越概括,视觉判断越敏感;反之,形状的秩序越乱,视觉感知越迟钝,概念越模糊。视觉容易接受秩序化、条理化的形状,秩序化的形状易于感知识别,便于记忆和积淀,便于概念的形成和概括力的加强。

形状的创造:艺术造型的基本线条形式有四种:直线、曲线、间断的线、粗细变化的线。

(1) 规则几何形状

规则几何形状有三角形、正方形、长方形、梯形、平行四边形、菱形、多边形、三角体、正方体、长方体、圆柱体、圆锥体、菱形体等,都由直线构成,方向一定,较为简单明确。

如图 3-11 所示的六边形硬币小包,点缀撞色绲边勾勒轮廓,可以变幻出多种角色,如手拿包、肩背包,或包内零钱袋。

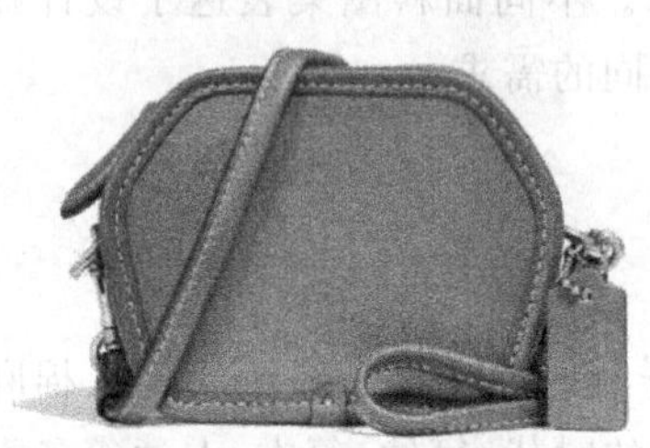

图 3-11　六边形硬币包

(2) 自由形状

自由形状表现为无定形,非规则,复杂多样,一切生物形状都是自由形状,呈流畅的曲线波状形态,非规则但有秩序,多样而又统一。

曲线以其活泼流畅的特征使视知觉愉悦。它富于变化,柔和圆润,流畅舒展,富有弹性。

波状曲线最具运动感、节奏感,生动活泼,表现流动起伏的、灵活的物体时更富生命力。波状曲线是所有线条中最具吸引力、最惬意、最优美、最富魔力的线条。

(3) 圆　形

圆形是所有图形中最简明的形状,具有圆满、完整、充实之感。

圆形与外界任何其他形状之间无任何一处的平行、重复和重合,所以突出、醒目、独立、鲜明。

圆形、圆球既抽象又具体;既开朗坦白又含蓄蕴藉;既封闭严实又通透空灵。圆形与圆球是所有形状中最美、最玄妙的形象。

(4) 卵形和椭圆形

卵形和椭圆形是圆形的变体,具有光洁圆润的特点,与手握的卵壳形相符,柔和适手。椭圆形既稳定又变化;既多样又统一;既规则又自由;既复杂又简练。

视觉在刺激物模糊时,会自动视其为圆形。曲线、圆形是最简化、最自由、最灵动的形状。凡是轻快流畅的运动轨迹必定是曲线。而艰难费力的运动轨迹必然是直线。半月形迷你包像饺子一样特别俏皮,如图 3－12 所示。

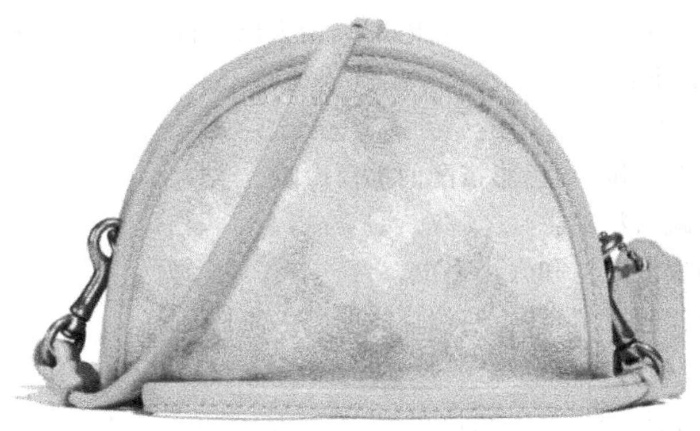

图 3－12　半月形饺子包

二、包造型设计与材料运用

(一) 造型设计装饰的规律

包的造型设计都具有一定的规律,包既含有物质产品的实用性,又具有不同程度的精神方面的审美性。作为物质产品,它反映着一定社会的物质生产水平,作为精神产品,它的视觉形象又体现了一定时代的审美观。它是在对材料进行艺术加工之后产生的工艺与实用装饰互相制约的融合物。

装饰造型必须注意形式审美性、抽象几何化、图案化等形式元素的应用。在造型艺术中,对称、均衡是低级的简单的多样统一,和谐才是高级的复杂元素的多样统一。

1. 对称与均衡的造型

在包造型中,对称是使用最广的结构形式。对称含有严肃、大方、稳定、理性的特点。

(1) 对　称

对称主要指包产品在包体结构、外形、包面装饰等方面的对称。常用的对称形式有左右对称、局部对称、轴对称、前后对称等。对称形式虽然在视觉上显得有些呆板,但由于它常常是陪伴在有自由曲线状态的人体身边,通过对比反而衬托出一种特别的端庄大方感。

(2) 均　衡

均衡是指通过调整形状、空间和体积大小等取得整体视觉上量感的平衡。对称与均衡是从形和量方面给人平衡的视觉感受。对称是形、量相同的组合,统一性较强,具有端庄、严肃、平稳、安静的感觉,不足之处是缺少变化。均衡是对称的变化形式,是一种打破对称的平衡。这种变化或突破,要根据力的重心,将形与量重新加以调配,在保持平衡的基础上,求得局部变化。

2. 对比与和谐的变化

造型对比能有效地增强对视觉的刺激效果,给人以醒目、肯定、强烈的视觉印象,打破单调的统一格局,求得多样变化。

包造型中的差异对比表现:

(1) 面料色泽的明暗浓淡、色彩搭配的黑白冷暖。

(2) 结构分割的疏密粗细。

(3) 装饰构件的聚散顺逆和大小多少。

(4) 整体外形的长短宽窄,转折与边缘线的刚柔曲直。

3. 节奏与韵律的魅力

节奏与韵律是一种形式美感和情感体验,它存在于形式的多样变化之中,也存在于和谐统一之中。

(1) 节　奏

节奏是指一定的运动式样在短暂的时间间隔里周期性地重复出现。它不仅是指某一时间片段的持续反复,也是指一种既有开头又有结尾的相继变化的过程。例如连续的线、断续的线、黑白的间隔、特定形状与色彩重复出现就能形成节奏感。西班牙加利西亚工匠 Álvaro Leiro 用皮革替代芦苇等天然植物纤维,使用当地传统竹篓编织技法,创造了水桶造型的 Fringes Bucket 手袋,如图 3－13 所示。

图 3－13　水桶造型的 Fringes Bucket 手袋

(2) 韵　律

韵律是指造型艺术中,诸多的矛盾因素统一变化而产生的一种和谐的节奏。美丑依附于事物的模仿,也取决于材料相互之间构成的形式关系。形式关系的美丑又在于形式节奏的对比是否和谐,是否能产生韵律。节奏是一般的简单变化秩序,韵律是特殊的复杂变化秩序。一个复杂节奏总是由多个简单节奏组合而成的,从而形成具有音乐性韵律的美感节奏。

节奏是韵律产生的根源和基础,韵律是节奏变化的产物。比如化妆包,它是女性专用于存放化妆品的一类小包,化妆品造型多样,所以常使用装饰性强的面料制作化妆包，并用花边、珠子、绸缎、印花等装饰。常用的化妆包造型有圆形、方形、方圆形、椭圆形、扇形、梯形、心形等。

4. 比例与夸张的处理

多数情况下比较注重箱包形体的结构，用边缘线表现结构。从艺术审美学和造型艺术形式而言，夸张变形大体可分为三种类型：一是基于形体结构的夸张变形；二是基于审美情感的夸张变形；三是基于几何形态的夸张变形。

箱包的夸张变形围绕着这三种形式进行，变形的目的是丰富箱包的造型艺术美感、生动趣味性和视觉美感。

(1) 夸　张

造型上的夸张是指要鲜明有力地突出箱包外形的造型特征，把握使用功能，根据创作的特定需要，对于物体的形状、色彩以及空间关系按理想进行夸张造型。

变形与夸张的箱包形象尽管千变万化，但万变不离其宗：一是不失箱包的基本功能的特征；二是主要落实在形状上，如图 3－14 所示。

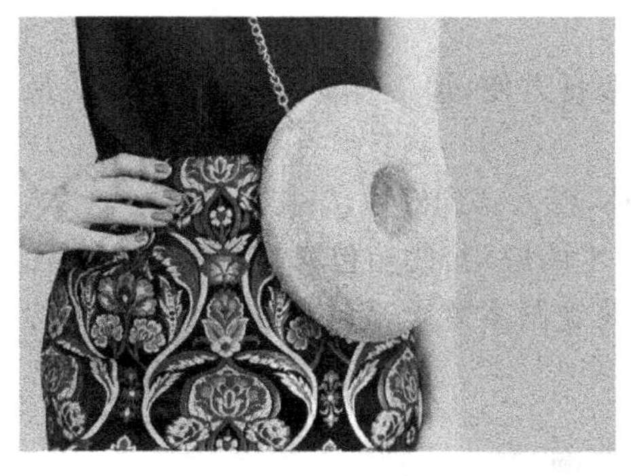

(a) 夸张造型的包1

(b) 夸张造型的包2

图 3－14　夸张造型的包

(2) 比　例

比例是指包的整体造型与局部配件造型，以及局部与局部造型之间的数比关系。在造型设计中如果不能掌握合适的比例关系，就会产生不平衡的无序形状和怪异畸形。比例适合是指包造型的部分与整体之间的和谐、部分与整体造型之间合乎和谐的数理组合关系，这种合适的比例关系会使人产生和谐的视觉秩序感。在不同的场景下，需要不同的造型设计去满足需求。

(二) 材　料

在包成型设计过程中，材料起到决定性的作用，可以说，箱包设计的发展趋势同样代表着包材料的发展趋势。材质面料是包造型艺术的物质基础，是构成包造型美的第一要素。对于材料的认识和把握是设计师的直觉使然。

1. 对现代新型材料的开发

通过对新型材料的肌理效应、可塑性、耐用性等因素的研究,将材料的个性特征与包造型有机地融为一体,并且在包成型过程中解决两者之间的内在协调性和统一性。当代包造型设计越来越注重于开拓新材料的性能和特色肌理,以此来体现包的时代风格。设计师对于新材料的理解和驾驭能力已成为现代造型设计的重要标志。

2. 材质的表现力和因材施艺

物质材料媒介对造型既有制约作用又有支撑作用,一定的材质只适于一定的造型,要发挥它与特定造型相适应的质地特性和表现力。物质材料的美源于物质本身具有的自然属性,如形状、色泽、质感、肌理及其性质、功能等。质材的质量特征须符合一定的造型需要,对不同的质材应使用不同手法以发挥其质料的长处。

(1) 天然质材美是自然的,由其引起的联想、想象、比喻、象征及审美情感是由于这些自然质材本身包含着与人的社会心理相适应的客观审美性。

(2) 金银矿藏稀少,控测寻找和开采提炼都较困难,所以金银成了富贵、尊严、豪华的象征。

(3) 木材自然质朴,纹理富于天趣,芬芳,取材方便,加工容易,是造型艺术的最佳传统材质。

(4) 皮革材料的天然特性是真实、自然淳朴,使人感到舒适、亲切。

(5) 民族特色材料,如传统的蜡染、扎染技术的应用,使箱包材料更能迎合现代怀旧的流行思潮。具有传统格调的蜡染、扎染花纹图案赋予箱包非常典型的民族特色,如图 3-15 所示。

图 3-15 民族特色的手袋

3. 结　构

箱包最为重要的结构特点包括：

(1) 开关方式。

(2) 部件情况(包括外部部件、内部部件以及中间部件的情况)。

(3) 成品整体造型以及形状、尺寸。

(4) 所用材料的颜色和品种(包括所有的原辅材料)。

4. 款式风格

(1) 时装包

时装包是专为搭配时装而设计的，具有极强的流行性和时效性。在造型和材料的应用上，时装包强调新潮和时尚，有时就因为材料的缘故而流行。一般情况下，时装包的造型与材料选用和时装服饰风格相一致。时装包以简洁的方形为主，采用片内分割、图案花纹以及装饰附件等形式，并适当带一些具有女性柔美特点的曲线设计元素。色彩设计多以单色为主，如黑色、棕色和红色等，并根据流行色卡上的色彩进行设计。时装包在材料选择上多为天然皮革以及合成革，并通过水染、开边、扎花等工艺形成多种不同效果的花色品种，如图 3-16 所示。

(a) 时装包1

(b) 时装包2

图 3-16　时装包

(2) 休闲包

休闲包是用来与休闲服装配套搭配使用的一类包。时装包分为手挽包、肩包、夹包、背包和索包等类型，具有方便随意的风格特点，是如今适用范围最广的包袋类型。休闲包在造型上多选用半硬和软体设计，款式较多，有多种造型和不同开关方式的设计；结构上有平面分割、立体褶皱、编织等多种表现形式；色彩变化丰富，单一色彩或多色彩组合设计方案都可选择；材料大多选用柔软的皮革或柔软的布料；包面及边角处通过附加装饰图案和各种精美的配件，营造出一种自由、活泼的休闲气氛。

(3) 宴会、晚装包

宴会、晚装包不同于其他类型的包,其装饰性大于实用性,一般为女性出席正式的社交场合时携带,如参加晚宴、酒会等。这种类型的包,薄而小巧,表面用人造珠、金属片、刺绣图案、花边和金属丝等装饰,如图 3-17 所示。

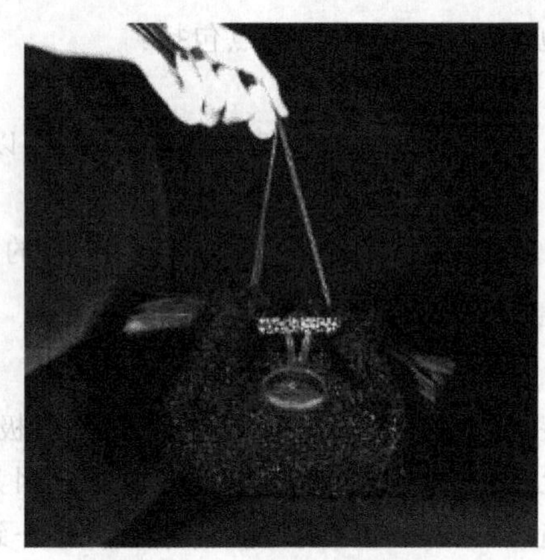

图 3-17 晚宴包

(4) 腰　包

腰包是指可以固定在腰间的一种包,体积较小,容量适中。其造型随着对腰包功能需求的不同而变化。近年来,年轻用户将腰包作为服装搭配的一部分,用来突出服装造型。腰包在材料上常选用皮革、合成纤维、印花牛仔面料等。外出旅游或日常生活均可使用腰包,如图 3-18 所示。

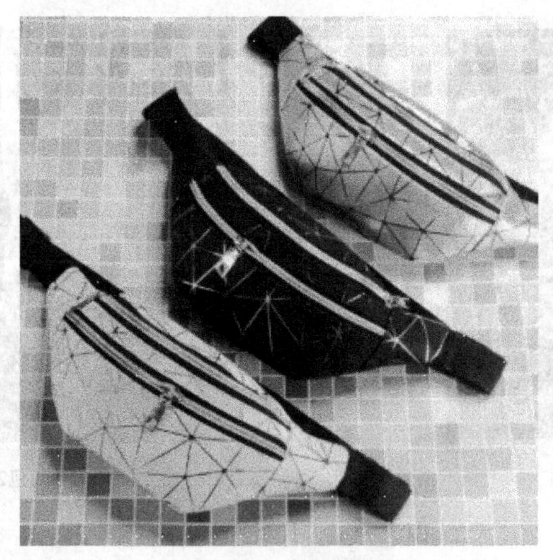

图 3-18 腰　包

(5) 筒　包

顾名思义,筒包是外观呈圆筒形的一种包,多为日常生活中外出时携带,一般用皮革或牛津布等材料制作。根据外形大小,筒包可分为小筒、中筒和大筒等。色彩主要以单色或组合色彩搭配较多。

三、总　结

包作为人们日常生活中的物品收纳与携带工具，除了其本身的装饰性和功能性之外，还有着众多社会和文化意义。目前，对包的研究多集中于对其结构和功能的探索，以及流行性与品牌价值的挖掘。包不仅是具有实用功能的生活用品，而且可以作为生活中的装饰品。当代社会，追求与众不同的个性化的审美需求不可忽视，包的造型设计不仅要具有视觉审美效果，还要具有心理效应。造型设计是包设计研究的重点，可以通过优美的造型使箱包具有潮流感，增加文化感，甚至可以成为经典之作。

3.3　包结构分析

在人们的印象中，包多是方方正正的一个立体造型。从盛放物品的实用角度看，方正的造型的内部容量确实比其他任何形状的都要大，而且利用率高，视觉的稳定感较强。因此，一些比较传统的款式和强调功能性的类别多是线条单纯明确、造型简单规整的方正轮廓。比较常见的轮廓主要有长方形、正方形、梯形以及由圆弧形与方形组合的一些较为规则的几何体。其设计思想是强调使用的功能性和制作的经济性，反映的是单纯、经典的审美趣味。

但在当代社会中，服装的时尚风格和人的审美趣味日益丰富，各种服装风格形式不断涌现。包作为整体搭配中重要的组成部分，自然需要迎合这种新的变化。因此，各种新颖的包的造型不断涌现，如圆形、半月形、三角形、多边形、不对称形以及各种异形包，打破了过去呆板单纯的形象。尤其在时尚类别的产品设计中，审美需求和个性的表达成为设计的新重点。最为重要的是，箱包本身的设计观念突破了只为服装做配饰的思想局限，具备了独立鲜明的设计魅力，成为表达时尚的急先锋。方正简单的轮廓造型较为含蓄和低调，设计张力不足。而张扬醒目的造型则完全可以成为视觉焦点，吸引人们的注意力，从而使服装成为衬托的大背景。这就使得包的设计灵感的来源更为广阔丰富，设计思维更加灵活自如，造型的变化和创新成为体现时尚精髓和审美趣味的设计手段，并具有无限的可能性。近年的建筑风也在一定程度上影响着服装服饰设计的趋向，时尚的手袋也极力强调棱角分明的空间感，像建筑上分割的体面转折一样，塑造出让人耳目一新的造型美感。

一、不同款式包的结构特点

不同款式包的结构特点如表 3－1 所列。

表 3－1　不同款式包的结构特点

形　状	结构特点	图　示
长方包	底部平整,容量较大,有斜挎长肩带,顶部有手柄,通常为长方形,翻盖设计,配有磁扣,锁扣封口	
马鞍包	半月形状,正面为翻盖设计,有斜挎长肩带,尺寸中等偏小,起源于马鞍上的挂包	
旅行包	侧面平整,内部空间大,顶端双手柄,拉链封口,帆布材质	
口金包	正面通常为长方形或梯形,顶端为金属框架,封口处采用按扣,配有 1～2 个手柄和长肩带	
邮差包	包身较宽,侧面较窄,正面为翻盖设计,磁扣固定,斜挎长肩带,最初为邮差使用	

续表 3-1

形　状	结构特点	图　示
购物包	结构简单，通常为长方形，顶端为敞开设计，配有两个手柄，可手提和单肩背，尺寸容量较大	
折叠包	顶部可以向下翻折，竖起则类似购物包，折叠则类似邮差包	 
圆桶包	类似旅行包，横向较长，侧面为圆形，拉链封口，顶端两个手提袋，最初为军用包	
水桶包	起源于酒商携带香槟酒所用的包，顶端通常抽绳封口，内部或有磁扣，有一根或两根肩带，整体呈竖直圆柱形，底部平整，上部较软	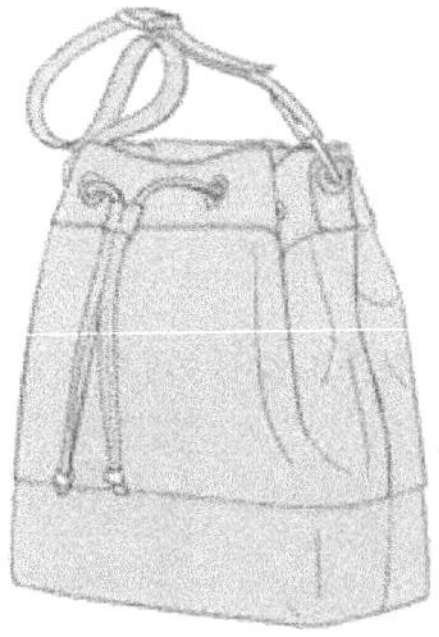

续表 3-1

形　状	结构特点	图　示
流浪包	起源于动画中的流浪汉的背包,较为随意的半月形状,两端连接短肩带,拉链封口,尺寸中等偏大,容量大	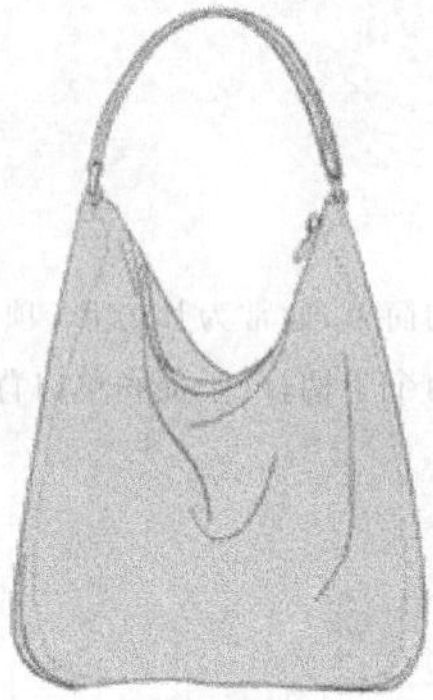
法棍包	长条状,形似法棍面包,一条短肩带,尺寸较小	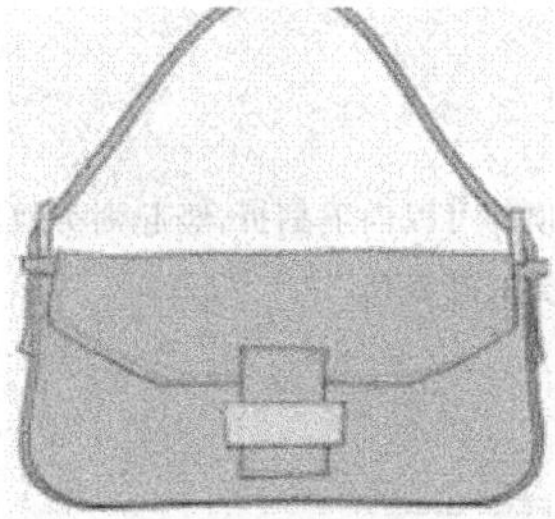
医生包	起源于医生外出看门诊携带的包,通常为皮革材质。包口采用金属框架,便于开合,包身略长,底部平整,容量大,两个手柄,配有锁扣	
双肩包	解放双手的设计,两个长肩带,有多种形状和尺寸	

续表 3-1

形　状	结构特点	图　示
信封包	源于信封的形状,尺寸中等偏小,手拿款式	
化妆包	小型手拿包,四周为金属框架,顶部有按扣,方便开启,通常为椭圆形和箱形	

二、包的外部结构

1. 肩带(手挽)

这个部位的行业术语和俗称一样,肩带的面料一般是用袋身的面料或配料做的,结构是正反两层,中间粘了一层托底 PVC(PVC 分两种:一种是做面料的;另一种是做托底的),或"皮糠纸"(皮糠纸是类似牛皮纸类的物质,有些牛皮碎物在里面)。肩带与袋身的衔接一般采用"挂钩""圆圈"类的五金,五金挂钩的"衔接""弹簧"这两个部位是较容易损坏的。若是"铁线"圆圈,就多留意一下圆圈的接口部分。有些圆圈是"合金"压铸的,没有接口,这类五金可放心使用。

2. 袋口拉链

多数袋口拉链由三个部分组成,即拉链、拉头和拉牌。拉链的两边一般都是尼龙材质的,中间的"拉链牙"主要分"胶牙""金属牙"两种。怎样鉴别一个拉链的好坏呢?第一,看"拉链牙"有无脱落(细微之处);第二,多拉动几次拉头,看拉头和拉链衔接是否顺畅;第三,拉紧拉链之后,弯曲拉链的一部分,力度可以大一点,在弯曲的同时看有无裂缝(拉链牙),无裂缝的就很好;第四,看拉牌和拉头之间的衔接缝隙,若缝隙较大的话,拉牌会很容易与拉头脱裂,因为拉牌是人工固定到拉头上去的。

3. 袋　身

袋身一些部位的行业术语和俗称不一样。袋身的面料叫作"主料",手挽及袋口还有包边的面料叫作"配料"。袋身前面叫作"前幅",后面叫作"后幅",左右身叫作左右"侧幅"。袋身外的口袋叫作"外插袋",内身的插袋叫作"内插袋",内身中间的口袋叫作"中隔插袋"。袋口的盖面叫作"盖头",盖头与袋身相连的插扣叫作"利仔"。手挽与袋口连接的两个部位叫作“耳仔”。

袋身的结构一般是三层：

(1) 外面的是面料。

(2) 中间一层是托底PVC或纸板、海绵、轻胶、回力胶、不织布、皮糠纸等材质，一般凭手感就可以鉴别，手感较硬的粘的是纸板或加厚的PVC，中性的粘的就是回力胶、皮糠纸或较软的PVC，较软的粘的就是轻胶、不织布或海绵。

(3) 最里面的一层是内衬，内衬常用的是尼龙料(尼龙料有190D，210D，240D等规格)、棉布和色丁(有丝绸特性的一种面料)等。袋身的左右侧同袋身的结构一样。袋身底部一般粘的都是较厚的托底PVC。

4. 面　料

面料种类繁多，常用作箱包产品面料的有：天然皮革、PU革、PVC料、尼龙料、帆布料、毛绒布料等。天然皮革又分头层皮和二层皮，头层皮是由一些完整优质的动物皮加工而成的，用来做高中档包的面料；二层皮是由一些动物的碎皮和动物皮的最下一层的物质加工而成，用来做中低档包的面料。PU革和PVC料都是人造革，PU革采用的材质比PVC料的好，人造革的质量除了材质外还与制作工艺有很大的关系，有些制作工艺非常好的人造革，价钱也是很贵的。人造革的颜色、手感及一些特舒效果都取决于制作工艺。毛绒布料的质量主要看是真毛的还是仿毛的，这个凭手感就可以鉴别，真毛的手感就像抚摸猫咪身上一样。尼龙料和帆布料的质量主要取决于面料的“密度”。

5. 五　金

五金一般按材质分为“铁线”“合金”两种。“合金”材质的五金从工艺效果来看比“铁线”的五金显得精美，“铁线”的五金显得较粗糙。“合金”的比“铁线”的要贵。有时包还没用多长时间五金就生锈了，表面皮层开始脱落，这是五金制作时没有“封油”的原因。没有封油的五金很容易氧化并生锈，“封油”后的五金表层物质不容易与空气氧化。那怎样的五金是已经封油了的呢？很简单，就注意两点：首先，用鼻子闻一闻，有点类似汽油的味道；其次，用手摸一摸，有轻微的油腻感。封油的五金比没封油的贵，一般低档包用的都是“铁线”且又没“封油”的五金。

五金的颜色一般分白色(术语按特性分：叻色、扫叻、珍珠叻等)、青古铜色(术语按特性分：青古铜色和扫青古铜色等)、金色(术语按特性分：亚金色和珍珠金色等)。五金的行业术语叫法主要是为了区分特性：“叻”的意思是光泽感一般的五金；“扫”的意思是光泽感比较强的五金，也就是颜色较亮；“珍珠叻”的意思是光泽感比较柔和的五金；“亚”的意思是光泽感较朦胧的五金。五金不管是什么颜色，都是不会掉色的，有些人错认为五金也掉色。五金最关键的是怕生锈之后表面皮层脱裂，“青古铜”色的五金一般都是已封过油的，但由于制作工艺的问题，这种五金最好不要碰到水，否则很快就会氧化生锈。

6. 线(行业术语"车线")

袋身外部一般用的都是 20＃(较粗)的尼龙线，内部一般用的是 40＃(较细)的尼龙线，内衬上一般用的都是棉线(604 较粗，606 较细)。每个部位车线的颜色都要求与面料的颜色相搭配，视觉上协调一致。手袋行业对"车线"的针距密度要求是"一寸七针"，一般高中档包在制作上都会严格执行这个标准。

7. 边　油

袋身面料、手挽、包边的驳口都涂有与以上部位颜色一致的边油(涂料)。(边油的价格为 17～60 元/公斤不等)。好的边油涂上去的效果是手感光滑、有较柔和的色泽感，与面料搭配协调；差一点的边油就是手感较粗糙，颜色比较灰暗。边油最主要的就是怕因季节性的温度反差而脱裂，好的边油在制作的过程中会要求根据地方气候条件来调配工艺(化学原料成分)。一般高中档的包在制作过程中对这个部位的要求都很严格。

三、包的内部结构

(1) 暗袋：包内的小袋，如图 3－19 所示。

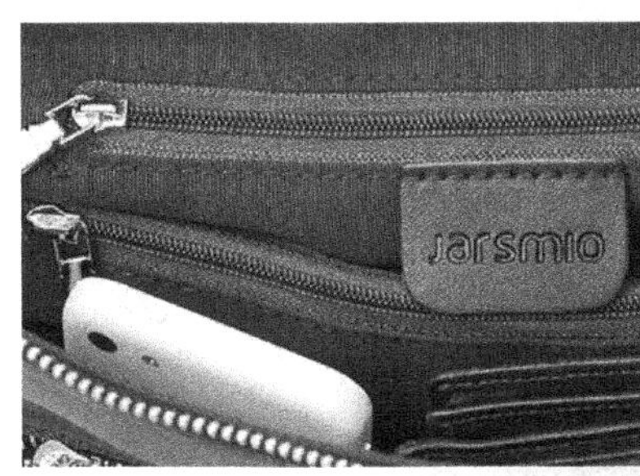

(a) 包内的小袋1

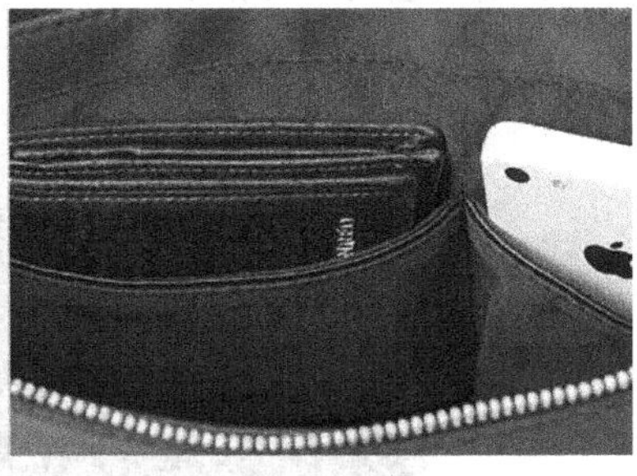

(b) 包内的小袋2

图 3－19　包内的小袋

(2) 内隔：包内分隔，如图 3－20 所示。

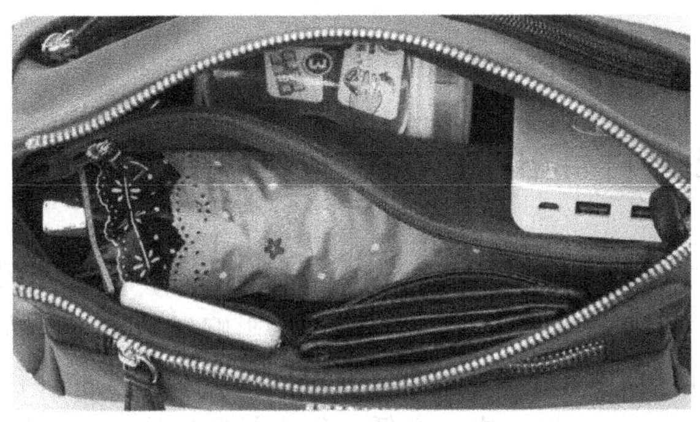

图 3－20　包内的分隔

(3) 大兜:如图 3-21 所示。

大兜多指休闲布艺类的包,包较大且基本只有一个暗袋。

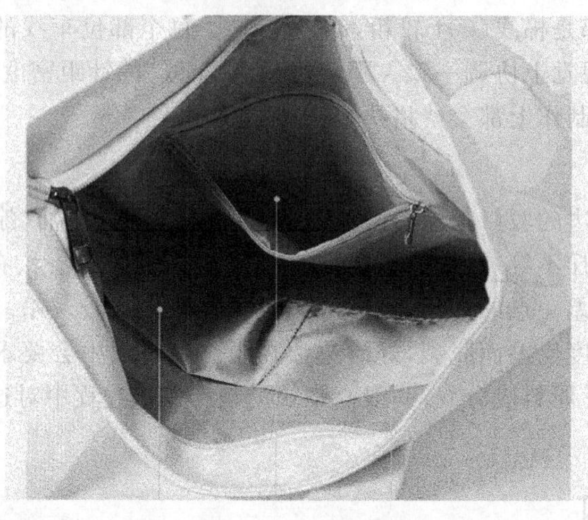

图 3-21 大 兜

(4) 多层次置物袋:包内外分隔较多。

(5) 内分层:包内部分有层次,如图 3-22 所示。

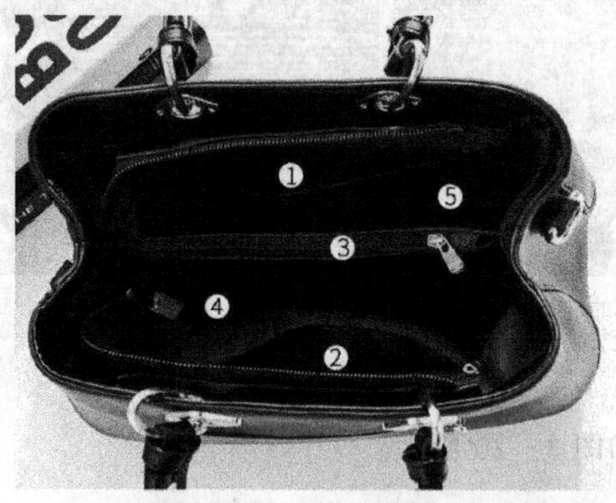

图 3-22 包内内分层

3.4 材质在包设计中的应用

材料是构成产品的基础,在包的产品设计中,材料的选择、运用以及材质表现会对最终产品产生一定的影响,也会对其市场价值产生影响。一款包产品的价格高低,不仅受品牌价值、设计内涵、加工工艺等的影响,而且材质也在其中占有主导地位。

同一品牌的系列包产品中,包价格的高低一般由材质所决定,有动物制品的真皮材质(鳄鱼皮、羊皮、牛皮、猪皮等,真皮箱包一般也称为皮具)、PU 皮材质(人造材料)、布艺制品(尼龙、帆布、毛绒等)以及其他人造材质,如图 3－23 和图 3－24 所示。

图 3－23　Hermes(爱马仕)鳄鱼皮手提包

图 3－24　Dior(迪奥)小羊皮手提包

一、包设计中材料选用的功能性因素分析

任何一种产品,在进行设计时,其功能作用的发挥往往是人们最为关心的内容。通常情况下,对功能性因素的分析主要包含以下方面的内容:

(一) 包产品设计材质的安全性

安全是工业设计选料时首先应当考虑的问题,材料的安全性是箱包设计中材料选择的要素之一。必须按照相关标准,正确选择和使用材料,事先对材料使用期间可能会出现的各种危险进行预测。

在包产品的材料选择中,不仅需要注意包材料主体的安全性,配件材料的安全性也不可忽视。为保证纺织品、服装对人体健康无害,我国强制性国家标准 GB 18401—2010《国家纺织产品基本安全技术规范》对纺织品、服装提出了基本安全技术要求，并根据指标的严格程度将安全技术要求分为A、B、C三类，也就是大众所了解的"安全技术类别"，A类要求最严。另外，标准还规定了婴幼儿服装必须满足A类，直接接触皮肤的服装至少满足B类，非直接接触皮肤的至少满足C类。首先要确保材料对人体的安全性，由于箱包产品除与手部直接接触外，一般不直接接触其他部位的皮肤，所以包材料的选择需要达到C类标准。

(二) 包产品设计材质的外观要求

不同类型产品的工业设计由于其性能、用途等存在差异，因此它们的外观设计也可谓千差万别，产品的外观在很大程度上会受到可见表面的影响。在包产品设计的材料选用环节，产品的外观是应当重点考虑的因素之一，包产品的外观决定了市场效益。材料的表面效果会对产品的表面光泽、反射率、纹理等产生影响，同时产品外观还会对包产品设计中所采用的材料加工工艺与方式，以及使用期限内的恶化程度和恶化速度等产生一定的影响。产品外观的形成方式往往是由多种工艺和手段决定的，比如说，手工缝制、批量加工、手绘等。

不同类型的包材料所能够应用的设计方式也存在一定的差异，因此在具体工作中，设计人员与加工人员选用材料时必须慎重，要结合产品的实际外观需求，有针对性地选择合适的材料，同时还需充分考虑所选用材料在产品造型制作方面的经济可行性。

(三) 包产品设计的工艺性能

包材料所要求的工艺性能与配件制造的加工工艺路线之间存在着千丝万缕的联系。在材料加工时，一般布料、皮革材料的加工工艺路线相对于塑料、金属来说更加复杂，同时需要变换的加工工艺类型也比较多。

例如，同一种皮革材料通过不同的缝纫、加工手段呈现出的视觉、触觉效果有所不同，Chanel手提包如图3-25所示。而配件金属、塑料、玻璃等材料的工艺路线通常都比较简单，其中变化最多的就是成型工艺。在包产品设计中，任何配件都是由不同类型的材料，借助一定的加工工艺制造出来的，工作人员必须全面掌握包加工材料的制造性能，这对于材料的选用有着极为重要的影响。

(a) Chanel手提包1　　(b) Chanel手提包2

图3-25　Chanel手提包

二、包产品设计中材料选用的市场因素

任何工业设计产品最终都将会投入市场，面向消费者并被他们购买和使用，这样才能真正地展现出工业设计的价值。因此工业设计中材料的选用，需要充分考虑市场因素，分析对于不同类型产品，消费者可能会喜欢的材料；然后有针对性地进行设计，解决设计中存在的难点和问题。在具体设计中选用材料时，应当重点考虑以下方面的问题：

（一）材料移植方法

所谓材料移植不是发明材料，也不是生产材料，而是指将某种产品使用的材料移植到新产品的设计生产当中。当然，移植材料不能称作借用材料，构成某物的材料不经过任何加工就能直接应用到另外产品上称作是借用材料，而材料经过新的加工且第一次应用到另一类产品上才叫作材料移植，这一过程包含着创新性。利用产品材料移植的方法进行箱包产品设计，对某一种特定包型应用不同材质，可挖掘材料本身的潜在价值，促进箱包产品材料的应用创新。

移植法是所有产品设计中最简单最有效的创新思维方法之一，而其中的材料移植方法则能够直接对产品设计产生作用。材料移植不仅拓展了材料的使用领域，而且在材料使用过程中不断变革着材料。同样，材料移植也适用于箱包产品设计中。当然，在移植的过程中，我们需要分析原有产品最具代表性的特征，还要分析新设计的箱包产品的需求，不能因为要移植而移植。这需要在前期做好充分调研，做最合适的产品定位，从而寻找可以移植的材料，为新旧产品或跨界产品提供范本，使箱包产品设计存在无限可能性，提升箱包产品设计的创新性，开拓箱包产品的市场发展。如图 3－26～图 3－28 所示为采用移植法制作的包。

图 3－26　手作珍珠包

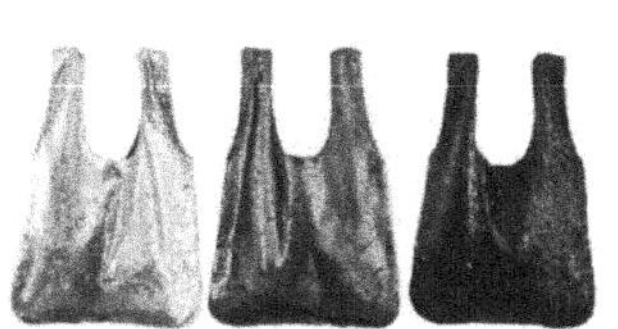

图 3－27　亮片手拎包

图 3－28　Gucci 金属盒子箱包

(二)材料选用的经济性

包产品设计中,产品材料的选用要充分考虑使用要求、艺术造型、工艺、经济性等因素之后,再考虑材料选用的可行性因素。从市场角度出发,应该首先明确包产品的市场价格定位,然后为产品选择合适的材质进行加工制造。材料选择应该与产品定位保持一致。面向不同人群、不同用途的包所选择的材料不尽相同,比如学生用双肩包的材质选择,一般情况下要避免使用价格昂贵的真皮材质,应该选择结实耐用、实用性强、接受度广的布制材料。在材料选用时,不能仅从价廉的角度去考虑,还需充分分析产品是否美观。比如说,有的材料价格虽然比较低廉,但是难以有效地满足使用需求,可能会被受众抛弃。

(三)材料选用的环境因素

当前,无论是工业设计或是环境设计等领域,设计的主要趋势都是围绕着环保进行。材料的选用是否环保,以及是否可持续发展都是目前大众所关注的。产品所选用的环保材料是环保设计的载体,是环保设计的重要表现方式。

产品设计所诞生的诸多产品,例如服饰、皮具、电子产品等,虽然给人们的生活、工作和学习带来了诸多便利,但也带来了诸多意想不到的环境问题。而随着社会的不断发展和进步,人们的环境意识不断增强,在进行工业产品设计时,设计选材的环境性问题受到越来越多人的关注,如何保证选材的科学性和环保性是相关工作能否顺利开展的关键所在。

一些好的箱包产品有一定二手交易价值。一些价格高的箱包可通过中古店、二手网站等平台、渠道进行二手交易;但一些价格低的箱包产品则由于材质、新旧程度等原因在使用后则被丢弃,这对环保设计的理念具有挑战性。在箱包产品设计中,如何精准选择产品材质,通过材质与工艺造型等方面的融合达到延长产品使用寿命的目的,这是目前在箱包设计中需要考虑的。

二手箱包回收网站全奢网,主要回收品牌有 Hermes(爱马仕)、Chanel(香奈儿)、LV(路易威登)、Dior(迪奥)、Prada(普拉达)、YSL(圣罗兰)、MCM、Gucci(古驰)、Chloe(克洛伊)、赛琳、罗意威、纪梵希、巴利等世界品牌。

二手物交易平台:闲鱼(阿里巴巴旗下)、转转、回收宝、爱回收等,在这些平台上,箱包产品无论价格高低,都可以进行二手物交易。箱包回收、二手置换等考验箱包产品设计的耐久性、周期性。

三、材质感觉特性

材质感觉特性如表 3-2 所列。

表 3-2 材质感觉特性

材 质	感觉特性
真皮材质(鳄鱼皮、蛇皮、牛皮、羊皮等)	昂贵、自然、温暖、感性、亲切、手工、柔软、精致
布艺材质(帆布、亚麻、尼龙、氨纶等人造纤维)	人造、透气、经济、耐用、轻巧、理性
纸质材质(牛皮纸等)	潮流、自然、轻巧
人造皮革	廉价、经济、实用、随意
塑料材质(PVC、珍珠、亮片)	精致、束缚、冷漠、协调、艳丽
金属材质	冷酷、阴暗、拘谨、理性、凉爽、人造
其他材质	—

3.5 包配件分析

随着时尚产业的多元化和国际化发展,包成为最流行的配饰元素之一。尤其对天性爱美的女人们来说,她们在服装和箱包选择方面都在追逐时尚前卫,而且对箱包的选择已逐渐成为其生活不可或缺的组成部分。然而在包设计中,设计师们将大部分时间投入到包造型和结构的创新上,却忽视了一个重要细节部分——配件的设计开发。近些年来,随着市场的发展,包行业竞争日趋激烈,这就需要设计师们有意识地培养自己的设计理念,从细节设计入手,引入中国传统文化设计元素,打造出自己的品牌。

一、包配件的种类

随着包独立发展的配饰地位的提升,对配件的功能和款式也提出了新的要求。总的来说,包配件可分为实用配件和装饰配件两种。

(一) 实用配件

实用配件是指具有实用功能的零部件,主要以锁扣、挂钩、圈、包角、拉杆、脚轮等为主,功能各不相同。例如,锁扣主要是起到开合包口、保证包内物品安全的作用。

(二) 装饰配件

装饰配件包括方形、弧形、半圆形的口金,以及三角形、四边形、不对称几何形及可爱动植物造型的包盖锁扣;挂钩和圈等。例如,挂钩和圈在包袋中起到的是连接包袋各个组成部件的作用,其种类可分为心形挂钩、鱼虾钩、圆圈、方圈等。

二、包配件常用的材质和性能

随着科学技术的不断进步和应用,各种新型材料被大量运用到时尚服饰配件设计中,包配件所选用的材质也在时刻发生着变化。我们日常生活中经常接触的配件材质有铝合金、纯铁、纯铜、钢材、塑料、木头、真皮、仿皮革等，并结合了喷涂色彩、电镀仿金银、激光镂刻、高温烙印、拉沙、磨胶等精准工艺来制作。

（一）合金配件

合金配件材料轻便，强度高，不易变形，耐腐朽及锈蚀性好；而钢质、木质配件在潮湿的环境下容易出现外膜剥落，耐腐朽或锈蚀性远不如合金材质配件效果好，但可在出厂时采用喷涂质量较好的涂料以增强耐用性，所以颜色鲜艳多样。但是合金配件也有不足之处，它的表面如果受损，不易修补。

（二）木头配件

最原始的木头材质配件虽然拥有天然的木纹肌理，经过打磨抛光喷漆之后，外在形象古典雅致，但是却非常怕水，浸没水或被雨点打湿或空气潮湿等因素，都会对木材质的配件造成一定的影响，其最明显的后果就是变形，容易腐朽。

（三）铁制配件

以铁为主要材质的配件因其成本低、易造型，所以非常受市场的欢迎；但即使现在喷漆技术很好，使用时间久了铁还是会露出来，铁一旦受潮就会生锈，特别不雅致，会影响箱包整体的气质。真皮配件外观别致、雅观，手感舒适，但其防水作用不好，价格昂贵，而且箱包本身材质大部分为真皮材质，搭配效果不够理想，以致没有得到大力推广和人们的青睐。

（四）皮质配件

皮质配件有许多种类，一般情况皮质配件多是与布制、皮制（包括真皮、人工皮革）、塑料材质等为材质主体的包产品进行搭配。皮质配件与皮质箱包搭配，达到和谐统一的效果，然而与非皮质箱包搭配，则是为了做点缀、混搭等装饰作用。皮质配件往往有很强的装饰性，常见的皮质配件如拉链处、包带、提手、包边五金或者包边纽扣等局部装饰。带有皮质配件的箱包产品往往也受到消费者的喜爱与追捧。

（五）塑料配件

塑料配件多被用在运动包设计中，主要起到连接扣的作用，实用性功能强，色彩比较丰富，但容易受挤压碎裂。

总的来说，以合金、铜铁等为主的金属材质配件，经过现代工业社会流行的镀金、镀银及镂空等工艺技术的加工，可以瞬间提升箱包整体的档次感，增添箱包的时尚潮流或复古经典气息。相反，以木质材质为主的配件，流露出的却是对大自然天然质朴的追求。

三、包配件的改进方向

箱包配件虽然大小不一，但是每个配件的作用都是非常重要的，不但具有功能性，而且具有装饰性。它们跟箱包自身搭配起来，就决定了整个箱包的风格。在选购产品的时候，会先看产品的皮质，然后，锁定其五金部分，看这个部分是否有质感，光泽度是否好。随着我们生活水平的提高，我们对箱包的需求就从生活必需品，上升到了追求时尚、品质等方面。笔者认为未来箱包五金配件需要在以下几个方面下功夫。

第一：包五金配件主要包括把手、拉杆、脚轮、锁扣、螺钉、包角、链条、鸡眼、挂饰、拉链头、弹簧圈等部件。材料大多有塑胶、铝、不锈钢、铁、铜，还有锌合金。生产工序包括压铸、抛光、上角片、电镀，最后再进行成套组装，但无论什么部件，坚韧性始终都是衡量其品质的第一要素。因为在实际应用中，如脚轮容易磨损或破裂，把手由于承重太多容易断裂，塑胶箱包壳由于碰撞、挤压容易开裂。因此，不断地开发或选择坚韧性好的五金配件材料尤其重要。

第二：注重五金配件和包自身的轻巧性。由于包要盛装物品，伴随人们旅行，免不了要用手提或者在地上拖动。包产品自重很重要，用户拿包产品来装东西，就是想省事、省心。如果包产品太重，不利于用户体验。因此，箱子自重过重，必然会给用户带来不便。在保证箱包产品的质量的前提下，不断的降低自身的重量，减轻使用者的负担，提高使用的舒适度。

四、女性时尚包和青少年包的配件

（一）女性时尚包的配件

例如奢侈品品牌香奈儿(Chanel)，以具有独特品牌象征意义的双 C 标志作为主要的箱包装饰配件，带给人高贵、优雅的感觉。Sara Battaglia 春夏系列，金属蝴蝶结的装饰配件，增添了包的俏皮感，令人过目不忘，采用合金材质和喷漆工艺，如图 3 – 29 所示。

(a) 香奈儿1

(b) 香奈儿2

图 3 – 29 女性时尚背包

爱马仕(Hermes)配件足以成为时尚女郎的流行招牌。Gabi 手袋：简洁的外袋中附有独立的同材质小牛皮内袋，实用的空间设计，可放置电脑及公文等各种现代职业女性的必备品。

Paddock 小牛皮手袋：硬朗中带着柔软的气质，包袋上方的装饰带，体现不同个性的你，单肩长肩带的设计适合时尚的年轻人士。

（二）青少年包的配件

对于钟爱鞋的用户来说，包上配有金属鞋头挂件，将是巨大的吸引力，通过这种金属鞋头挂件配上书包，表达了青年人的个性化，配件的设计由合金和皮革融合，Q版定制迷你小鞋，满足不同的鞋粉。青少年的向往的是个性化，很多人对于工装比较痴迷，这种工装带的配件既可以挂在裤子上，也可以挂在包上。对于一些女生来说，毛绒可爱的小配饰可能受到她们的喜爱，这是由于她们本身的性格所决定的。

一些人对球鞋、潮物等没啥感觉，只是想丰富一下单调的包，想增添一些趣味。他们会选择徽章、胸针等小饰品来装饰自己的包，这些都是比较个性化的配件，而不仅是单纯具有功能性的五金配件、肩带等。

五、现代包配件设计模式的发展方向

随着市场竞争日趋激烈，消费观念不断变化，一个产品的功能已不再是消费者决定购买的最主要因素。产品的创新性、外观造型、宜人性等因素越来越受到重视，在竞争中占据着突出地位。同时，随着以信息技术为主导的现代科学技术的迅速发展，传统的制造业正在发生极其深刻的重大转变，各种新的技术模式应运而生。在设计模式上，并行设计、协同设计、智能设计、虚拟设计、敏捷设计、全生命周期设计等设计方法代表了现代产品设计模式的发展方句。随着技术的发展，产品设计模式必然朝着数字化、集成化、网络化和智能化的方向发展，未来的设计系统必然是以人为核心的人机一体化智能集成体系。

从产品概念设计的角度看，随着CAD、人工智能、多媒体、虚拟现实等技术的进一步发展，人们对概念设计过程必然有更深的认识，对概念设计思维的模拟必将达到新的境界。CAD将朝着更加自然的人机交互方式、更加有效的设计手段的方向发展。概念设计的方案将更富有创新性。计算机辅助设计系统是一个人机一体化的智能集成设计系统。随着市场竞争的日益激烈，开发适销对路的产品已成为一个企业是否具有竞争力的关键；而缩短开发周期，是降低成本的关键。

配件的设计可以参考产品创新设计的方式，这些可以增添箱包的特色，为箱包增添个性化的气质，尤其在女士箱包设计上，配件有着尤为重要的特色。不同材质、不同功能的箱包配件，带给箱包的整体设计风格是不一样的。国外一些大品牌非常注重配件材质的选择，在应用上也十分谨慎，充分发挥了配件在箱包设计中画龙点睛的作用。

第4章

影响用户满意度的箱包产品内在属性

4.1 箱包品牌分析

一、箱包品牌国内现状分析

（一）国内箱包品牌市场分析

中国的箱包生产企业高达两万余家，目前主要集中在广东、福建、浙江、山东、河北等地。我国是一个箱包的生产大国，生产占世界1/3的箱包产品，出口量也十分惊人，无论是产量还是出口量，我国箱包行业都排名世界首位。但强大的生产能力却掩饰不了我国箱包的品牌窘境：90%左右的箱包企业为国外企业做代加工生产；国内高端市场几乎被外国品牌占领，中端市场无领头羊，低端市场一直在打价格战。从目前箱包品牌市场来看，我国箱包行业虽然制造份额占比为全球的70%，是箱包生产大国和消费大国，却始终没有跨入箱包强国的行列。我国箱包企业多为贴牌加工工厂，自主品牌较弱，其中约30%拥有独立的品牌，销售集中于二三线城市。约70%处于无品牌模式，分布在三四线城市的批发市场。目前我国箱包市场中大品牌如新秀丽、花花公子、外交官等主要集中在一线城市。由于设计无法跟上市场需求，我国箱包自主品牌无法进入大众视野，发展始终处于被动状态，徘徊在低端市场。

（二）国内箱包品牌格局分析

我国箱包市场的品牌格局是：高端市场被国际知名品牌如路易·威登、香奈尔等占据；中端市场是为数不多的中高档品牌，例如达派、爱华仕、外交官、皇冠、保兰德、万里马、奥王等。这些品牌在国内虽小有名气，但都缺乏个性和感染力，很难与消费者产生共鸣，缺少领头羊。还有一些品牌如金利来、七匹狼等，虽然知名度较高，但其重心不在箱包上；低端市场的产品很多都没有品牌，产品没有任何特色，只能进行低价竞争，它们散落于各种小商品批发城、地摊，其中大部分箱包都是不规范的小厂生产的低层次产品，缺乏个性、设计简单，同时也没有质量和安全保障。很多女性经常为买不到合适的包而烦恼，国际奢侈品牌买不起，国内品牌又瞧不上，处于一种“高不成低不就”状况，可以说中国的女包品牌是一片空白。

二、影响我国箱包品牌国际化的因素分析

(一)品牌核心价值及定位模糊

自主品牌缺乏是我国箱包业品牌国际化进程中最大的障碍,形成该困境的原因有很多,如:企业家缺乏自创品牌意识,不愿冒险而热衷于代加工生产;企业自身实力不足,融资得不到保证,政府没有给予大力支持等。但最主要的原因还是我国箱包业在品牌核心价值的提炼和品牌的定位上没有做到位。虽然我国箱包行业已经涌现出一批极具潜力的自主品牌,如达派、威豹、爱华仕等,但这些品牌的定位比较模糊,核心价值始终提炼不出来。拥有核心价值是打造自主品牌的必要前提条件,箱包的核心价值体现在对箱包产品的设计上。箱包行业中企业在市场上是否具有竞争力,取决于该企业是否拥有核心的产品研发设计能力,这一点与服装、制鞋行业较为相似。但从目前我国箱包业的发展现状来看,该行业并不像服装业在诸多高校里面设有专门的服装设计专业,因此,既无设计理论,又无值得借鉴的实践经验。该行业的产品研发人员基本上都来源于服装行业。加上大部分箱包企业处于初级发展阶段,没有花时间和心思去考虑产品的设计,导致我国箱包行业的产品设计能力普遍落后于其他行业,生产的箱包产品就会缺乏核心竞争力,品牌核心价值无法提炼出来,因为企业根本不知道自己所生产的产品优势在哪里,核心价值在哪里。国际知名品牌都具有其核心价值,如LV品牌的核心价值是“尊贵”;沃尔沃品牌的核心价值是“安全”等。没有品牌核心价值和定位不明的企业很难在竞争激烈的市场上立足,被淘汰的概率较大,这就造成我国箱包业自主品牌一直缺失严重的局面。

(二)品牌国际化意识薄弱

我国箱包业品牌国际化成长路径模糊不清,这主要归因于企业的品牌国际化意识薄弱,缺少这个行业品牌国际化的经验。虽然已有很多箱包企业开始尝试走品牌国际化之路,但从以上困境分析知道,这些企业缺少品牌国际化的经验和意识,这就导致其在目标市场、选择进入方式及海外子公司的管理等问题上没有主见,企业家不愿冒险尝试新的成长路径,大部分企业都以简单、安全的产品出口为主要的进入市场方式,甚至有些企业根本没有考虑到国际化这一层面。我国箱包行业并没有形成一条完整的成长路径,由于企业性质及规模的限制,也无法全部照搬海尔、联想、TCL等企业的国际化模式。一方面企业家缺乏品牌国际化的意识;另一方面我国箱包行业在品牌国际化模式上没有可以学习借鉴的企业,这就导致我国整个箱包行业无法打造出一个国际知名品牌。不过值得一提的是,近年来已有一些箱包企业开始尝试其他的品牌国际化方式了,如“达派箱包”于2008年4月在新加坡上市成功,迈出了国际化的第一步。再比如“海琛国际”,它是一家成立于2002年比较年轻的外贸公司,早期是从事OEM生产的,公司认为,品牌国际化靠自创品牌难度太大:产品设计研发难,供应链及营销一时也难成气候,公司领导抓住时机于2008年金融危机爆发

之后的一年内以 1 亿日元收购了日本知名箱包品牌“爱可乐(Echolac)”，该品牌拥有 50 年的历史，在亚洲乃至世界上的销量及市场份额十分可观，而在此之前“海琛国际”一直为“爱可乐”的品牌商做代加工生产。这两个通过海外上市和海外并购来实施品牌国际化战略的案例为我国箱包行业的其他企业提供了参考样本。

(三) 国外认知及中西文化障碍

国外市场调研结果表明，我国国际化品牌的现状与早期日韩的情况很相似，消费者对中国制造的箱包的普遍印象是廉价、质量低、缺乏科技含量。调查显示，中国生产的箱包产品在 1/3 美国消费者心中的形象是负面的。国外的这种对中国箱包制造产品的排斥观念在短期内是很难转变的，我国箱包的品牌国际化将历经坎坷。另一方面，品牌国际化需要从经济和文化两个层面来考虑。文化内涵和历史价值是品牌自身发展的附加价值，中国虽然有着 5 000 年的文化历史，但目前在国际上我国文化的被认可度并不高。与各个国家或地区市场的文化冲突也阻碍着我国品牌国际化的进程，很多品牌早期在国内命名的时候并没有注意到该名称与某些国家是否有文化上的冲突，导致后来品牌国际化的时候受挫。还有一些品牌在国外推广时采用的广告语、宣传语也与当地文化背景相冲突，成为进入该市场的绊脚石。文化背景差异对箱包业国际化的影响可能没有对媒体、食品等行业的影响大，但也是箱包品牌国际化进程中不能忽视的问题。除此之外，中西文化冲突也会为当地子公司管理带来困境，这就涉及是全球标准化管理还是本土化管理的问题。很多企业的海外子公司都会聘请当地的管理人员及工人来发展经营，虽然能够避免一些文化冲突，增加当地人们对该企业的好感，但在管理层面上很难掌控，随时可能会丢失企业自己的核心价值观念。

三、箱包品牌设计要素分析

(一) 国内箱包品牌设计要素

根据对国内箱包品牌，如金利来、七匹狼、万里马、小米、CAI、卡拉羊等进行的调研，通过分别分析其箱包的设计特点，总结出国内部分品牌箱包设计特点如表 4 - 1 所列。

国内的箱包品牌主要有小米、CAI、卡拉羊等。目前国内的箱包设计大同小异，无论是从款式还是颜色、结构、功能而言：一般在款式上以双肩包为主，单肩包、手提电脑包较少；在形状上通常为长方形，结构变化较少，通常以长方形贴袋的形式组合而成；在颜色上常以黑、灰为主，统一的色系使箱包整体色彩比例欠佳；在材料上通常为防水的纺织材料，偶尔也有拼接皮革材料，材料应用的变化性不大；在功能上的设计开发比较人性化，常有防水、防盗、减负功能，以及具有较大的容量，但是其功能的呈现形式比较雷同，各个品牌之间没有明确的设计特点和标识，缺乏个性化设计。

表 4-1　国内部分品牌箱包设计特点

国内箱包品牌	设计定位	造型结构	装饰	功能	材料与色彩
金利来	定位于 35～45 岁社会中坚男士,价格在 700～1 500 元;风格偏正式商务	造型相对保守,以矩形轮廓为主,常以单肩式或者手提式为主,简单大方但缺乏设计感	几乎没有装饰图案,通常应用肌理变化起到装饰效果,整体感觉繁复,效果不佳	具有携带物品的功能,由于造型结构的限制,储存空间较小,内层较多	以头层牛皮为主,常用黑色、棕色、蓝色
七匹狼	定位于 35～45 岁社会中坚男士,价格在 500～1 000 元;风格偏正式商务	造型以矩形为主,结构采用前后幅连接的方式,结构变化较少,款式相对单一	以品牌图标作为装饰图案,但图案的设计感较差,缺乏时尚性和创意感	具有携带物品的功能,内置手机袋、笔插、内插袋、拉链暗袋等	以 PU 和牛皮为主,常用棕色、黑色
万里马	定位于 30～45 岁社会中坚男士,价格在 500～1 000 元;风格介于传统公文包与商务休闲包之间	造型较传统的公文包而言有所改良,以双肩式、单肩式和手提式为主,常用外贴袋的设计结构	以品牌图标作为装饰纹样,运用铆钉、缝线、拼皮等装饰元素和手法,但整体装饰效果较差	具有携带物品的功能,储物空间相对较小	以尼龙、牛皮为主,常用黑色
小米	定位于 25～40 岁社会中低层男士,价格在 100～200 元;风格为商务休闲	善于利用结构的变化改变包的整体造型,以双肩包为主,受到年轻男士的喜爱	商务包表面几乎无装饰	具有携带物品、防水、防盗、减负的功能,注重人性化设计	以涤纶布为主,PVC 为辅,常用浅灰色、深灰色
CAI	定位于 25～40 岁都市白领,价格在 200～400 元;风格为商务休闲,同时将时尚、潮流融入商务包设计中,具有创新性	造型结构多变,以软结构的双肩包为主,善于利用口袋、开口方式等的变化设计整体造型和结构,具有独创性。部分商务包过度强调设计感而在商务包的体现上稍有欠缺	表面无装饰图案,常利用织带、拼皮作为装饰元素和手法	具有载物、防水、防盗、减负的人性化功能,满足使用者的基本需求	以防水涤纶布为主,常用灰色、黑色、藏青色

续表 4-1

国内箱包品牌	设计定位	造型结构	装　饰	功　能	材料与色彩
卡拉羊	定位于25～40岁都市白领，价格在150～250元；设计风格为商务休闲	以双肩包、斜挎包为主，与市场上同类产品相比雷同性较大，该设计不具有品牌标识性	表面无装饰图案，利用拉链、结构变化作为整体装饰手法	储存空间大，注重防盗功能，同时具备防盗、防水功能。在减负功能的设计上相对较弱	以防水涤纶布为主，颜色为灰色、黑色、藏青色

（二）国外箱包品牌设计要素

国外有较多的知名商务包品牌，如斐格、花花公子、BVP、TUMI、新秀丽、路易·威登等，具有较强的专业性和设计感。通过市场调研，总结各个品牌的设计特点如表4-2所列。

表4-2　国外部分品牌箱包设计特点

国外箱包品牌	设计定位	造型结构	装　饰	功　能	材料与色彩
斐格	缔造“商务、时尚、休闲男包”的品牌理念，打造更加适应都市男士工作态度和快节奏生活的产品	款式较多，以单肩、手提包居多；具有一定的结构变化，属于比较大众化的设计，缺乏创意性	无图案装饰，与国内公文包的装饰手法相类似，利用开口方式、颜色搭配进行装饰	具有携带物品的功能和防水的基本功能	以牛皮为主，牛津布为辅；颜色具有搭配性，通常是单色或者双色相拼接的方式，主要有灰、蓝、黑、棕、红等
花花公子	融合东方文化精粹，结合全新的设计理念，属于中高端品牌	造型结构简洁而不失变化，擅长利用前后幅和侧围的变化进行设计，不对称的结构设计同样能够体现出一种均衡的美感	图案装饰较多，点图案通常围绕品牌图标展开设计，从应用方式、表现手法上都有其特点；在全幅型装饰图案的应用上，以规则的几何图案、肌理图案为主，不规则图案为辅	功能上的设计突破性较弱，具有携带物品的功能，内置分层口袋较多	材料的选择以牛皮为主，牛津布为辅，两种材质拼接等；颜色搭配具有变化性，除了纯色外，渐变色、互补色居多

续表 4-2

国外箱包品牌	设计定位	造型结构	装饰	功能	材料与色彩
BVP	设计理念为“男士要出众”,尽管每季新品不多,却都经慎重筛选再制作,是每位设计师最得意的灵感之作。设计定位于高端男士品牌	造型结构简约大方,轮廓线条硬朗且呈矩形形状,以手提包居多。总体造型给人精致的感觉	通常是从材料的肌理装饰手法出发,有立体雕刻装饰、动物纹压花装饰、电脑雕刻,呈现规则的几何凹凸质感,给人低调内敛的设计感	功能与其他品牌商务包类似,由主袋、拉链袋、插袋、电脑袋组成,同时兼具防水功能和美观功能	材料以头层牛皮为主和二层覆膜皮为辅,颜色上除了深色的搭配应用外,还有杏色、藕色等浅色系
TUMI	一直以高档与多功能而著称,致力打造世界顶级商务用品,简化及美化生活上的各种需求	造型结构设计具有创新性,善于利用材料的属性进行折叠等结构的变化,利用空间构成合理分割结构;此外不对称的结构设计使造型更为独特,且贴合功能上的需求	装饰较少,通常不具有装饰图案,少有全幅型图案的应用	功能性较强,具备强大的携带物品的功能和减负、防盗功能,著名的防弹尼龙材质将其功能性特点推向整个国际市场	材料以防弹尼龙材料为主,拼接牛皮材料。善于利用暗色和亮色进行搭配,多以蓝、黑色为主
新秀丽	睿智、原创、具有代表性,定位于高端男性市场	注重结构的创新性,通过口袋形状的变化,提手位置的创新,上下式对称的巧思等进行造型结构变化,稳重大气中带有品牌独特性	几乎没有图案装饰,主要依靠结构的变化,材质的拼接作为装饰	具备极强的功能性,灵巧而实用	材料以尼龙和牛皮材料为主,制作精细。色彩以蓝色、黑色居多
路易·威登	设计定位于高端男性消费群体、行业精英	造型结构设计善于利用包体转折面不分割的结构,使箱包具有线条感、体积感,与传统的结构相比更具灵活性和时尚感	具有极强的图案装饰特点,除了经典的全幅型底纹装饰外,点图案的应用内容极具新颖和时尚感,鲜亮的装饰色彩与商务包完美融合,精致的做工使箱包整体锦上添花	功能性较外观性而言稍弱,几乎无防盗功能和大容量携带物品的功能	材料通常以涂层帆布、牛皮为主;色彩上以深色面料搭配亮色,色彩比例均衡,同时亮色起到了色彩强调的作用,对于色彩的构成把握得较好

从结构特点而言，国外的箱包更加注重结构的创新性，区别于国内箱包设计结构的简单，如由前、后幅构成的结构，利用简单的组合方式通过驳角的设计形成立体空间，或由前、后幅、侧围条构成的造型。其结构设计往往是利用空间的三维立体构成，合理化地分割箱包结构而成的轮廓造型。

从装饰图案而言，国内的箱包几乎没有装饰图案，其原因大体在于图案的设计会增加人力成本和制作成本；且国内的大品牌箱包较少，在设计上对于图案内容和形式的把控欠缺，不合理的图案设计和粗糙的做工会适得其反，因此图案在国内商务包设计中比较少见。然而，国外的商务包对于图案的设计和应用非常精准。

从色彩而言，国内箱包的颜色比较保守、单调，相比而言国外箱包的颜色的视觉效果更加丰富，对色彩的形式美构成，如色彩的比例关系、色彩的平衡关系、色彩的强调关系、色彩的呼应关系等，把握得比较好。

从箱包功能而言，国外的箱包并没有国内的完善，国内外使用者生活习惯不同，国内的箱包功能更加适合我国使用人群。

四、国内箱包设计问题

1. 国内箱包设计趋同化严重

根据以上对于国内外箱包设计要素特点的研究，总结认为，目前我国市场上尽管箱包数目很多，但是结构样式变化少，趋同化严重。究其原因在于企业经营者往往局限于一时的利益，脚步紧随着市场上所谓“爆款”的步伐，希望从中分到一杯羹，却忽略了设计本身。设计师们为了迎合经营者的思想，轻视或放弃了自己的设计构思，迎合“爆款”，盲目跟从国外的箱包款式进行设计，使市场上的箱包设计趋同化严重。

2. 国内箱包设计缺乏美观性

目前国内的箱包无论从结构、图案装饰还是彩色搭配上都与国外箱包设计有一定的距离。究其原因在于在设计时没有遵循基本的美学法则和流行趋势等，盲目地抄袭及以自我为中心的设计，这是导致缺乏美观性的主要因素。

五、箱包品牌发展分析

（一）箱包品牌名称分析

品牌的命名是创立品牌的首要步骤。品牌名称一般是指品牌中可以用语言读出来的文字部分，如路易·威登（LV）、皇冠（Crown）、威豹（Winpard）等。名称不仅是一个称谓，更承载了品牌的精神文化内涵，对企业品牌形象的传播和塑造有重要的作用，是品牌形象基础系统的核心要素。好的品牌名字便于传播和识别，可提高品牌的知名度，为品牌的成功添加重要砝码。

1. 单一箱包品牌名称

单一箱包品牌名称是指箱包企业将生产的所有产品冠以同一个品牌名称。这种设定在企业发展前期能够便于品牌的管理，对于消费者而言也更容易识别。

2. 多元化箱包品牌名称

多元化品牌名称是随着品牌多元化而出现的，所谓箱包企业品牌多元化是指企业在自身市场上已有一定知名度度和美誉品牌的基础上，推出新的品牌名称，以符合不同类别、不同系列的产品。如国内著名的鞋企百丽集团除了百丽品牌外，旗下还有她他、天美意、森达、思加图等多个副线品牌。

箱包企业品牌的命名要遵循以下原则。

(1) 简洁易读，易记易写

箱包品牌名称应该简洁明了，通俗易懂，避免生僻字，一般为1～4个汉字。成功的国际品牌的名称读起来往往朗朗上口，通俗易懂，如肯德基、奔驰、耐克等。英语为全球使用最广泛的语言，我国箱包企业在推进国际化的进程中，应该也要有英文名称。如国内知名服装品牌“例外”，英文名称是“EXCEPTION”；中国十大箱包品牌之一“威豹”，英文名为“Winpard”。英文名称要与汉语读音相近或释义相近，也要符合简洁易读、易记易写的原则。

(2) 符合产品属性

品牌名称能让消费者产生心理联想，所以最好能与产品特征功能有一定的关联性，这样更容易让消费者识别产品，如舒肤佳、可口可乐、麦包包等。

(3) 尊重不同地域的文化

由于世界各国不同地域存在着历史文化、风俗习惯、价值观念等的差异，对同一品牌名称的理解也会不同。为了使箱包品牌得到更好的传播，在命名时需要考虑名称是否适合不同地域的民族文化、风土人情、道德风尚和喜好禁忌。

3. 正规合法

合法就是品牌名称能够在法律上得到保护，名称、商标一经注册，企业就拥有了对该名称的独家使用权，其他任何企业未经许可盗用品牌名称都可追究其相关法律责任。箱包企业品牌命名的一般方法如下：

(1) 以企业名称命名

企业名称与产品名称一致，达到企业与产品品牌相互促进的目的，提升企业形象，如达派、圣大保罗、金路达、巴宝莉等。

(2) 按产品功效和行业特点命名

这种命名法比较直观，使顾客看到品牌名称就能联想到产品的功效，如皇冠、探路者、旅行之家、飘柔等。

(3) 按阶层和目标消费群命名

此种命名法针对性强，能快速地让目标顾客产生认同，如娃哈哈、贵夫人、劲霸男装等。

(4) 借代动植物名、人物名和地名等已有名称

以植物、动物的名称或自然界的事物来为箱包品牌命名，形象生动，能给人亲切

感,如苹果、玉兔、金猴、万里马等;以明星、知名人士、神话故事人物或企业首创者的名字作为品牌名称,如路易·威登、皮尔·卡丹、达芙妮、香奈儿、李宁等,利用人名的知名度和价值来促进大众对品牌的认同;以地名来命名具有地域特色、历史文化感,如南极人、云南白药、哈尔滨啤酒等都是以地名命名的。

(5)寓意法

通过美好的寓意,体现企业的价值观念,此方法有助于企业形象的塑造,如登喜路、金利来、报喜鸟等。

箱包品牌名称的命名,要遵循一定的原则,不管采取何种路线、方法,最重要的是要能很好地传播产品的功能属性和企业的理念与宗旨,最终得出一个有创意、有生命力的名字。

(二)箱包品牌定位分析

箱包品牌定位是箱包品牌形象建设的基础,是箱包企业为传播形象而制定的首要任务,每个企业都需要有一个清晰准确的品牌定位,在传播时向消费者传递有效的信息。定位得是否合理直接关系到企业的发展前途,正确的品牌定位通过传播,有利于企业快速地建立良好的品牌形象,把握目标消费群。

品牌定位的原则有以下两个方面。

第一,定位范围不宜广泛。一个箱包企业不可能满足所有消费者对箱包的需求,因此品牌定位的范围不要太广泛。定位的范围若太广泛,就如同没有定位一样,失去了定位的作用。

第二,要明确目标市场。箱包企业要明确目标市场,在定位之前要进行市场调研,充分了解了市场的需求,了解竞争者,知道消费者喜欢的是什么,寻找差异化竞争市场,才能针对性地做出个性化定位,既能满足消费者的需求,又能使企业避免大众市场的激烈竞争。

箱包企业品牌定位的内容主要包括风格定位、目标消费群定位、情感定位、价格定位等。

1. 风格定位

一个品牌通常来说只有一个风格,服装风格就是服装所表现出来的设计理念和流行趣味。那么也可以说箱包的风格就是箱包所表现的出来的企业文化理念、设计理念和流行趣味,品牌风格也是产品风格。关于箱包品牌风格的分类有很多,如图 4-1 所示,主要有复古风格、前卫风格、乡村风格、都市风格、运动风格、优雅风格、现代风格、民族风格等,且它们都成直线对应关系,每一种箱包风格还可以根据不同的消费群和地域进行细分。

2. 目标消费群定位

目标消费者的性别、年龄、职业、收入、兴趣、品味等方面决定了其对箱包的选择,甚至同一个人针对不同的用途会选择不同的箱包。对目标消费群的定位要侧重针对

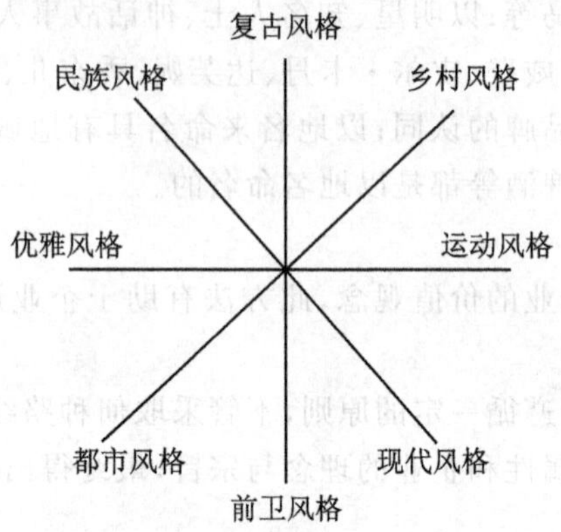

图 4-1　箱包风格的分类

哪类人群的开发，其年龄会在哪个阶段，最看重箱包的哪几个方面，收入在哪个层次水平等方面；要了解目标消费群，提出符合他们需求的品牌主张，品牌定位才会得到消费者理念上的认同。

3. 情感定位

品牌情感是人们长时间对品牌形象的印象积累，也是企业文化的体现，能维系消费者对品牌的忠诚度。如国际著名的箱包品牌一般都有几十年甚至上百年的历史，随着时间的积淀，人们对这类品牌的情感越来越深厚，这与其精确的情感定位是分不开的。情感定位要符合消费者的价值观、审美偏好、内心诉求等，达到箱包品牌与消费者之间的情感共鸣。品牌情感通常可以通过口号、标语等形式进行传播，并通过服务来体现。

4. 价格定位

品牌箱包的价格定位与普通箱包的价格定位不同，其包含产品价格和品牌价值。品牌能够支撑高价位，因此品牌箱包的价格不能过低，低了反而会让消费者觉得档次不够高；价格过高也不行，会影响产品的销售。价格定位时应结合消费群的购买实力、市场供需关系、品牌价值等方面来考虑。

（三）箱包品牌故事分析

如果一个品牌重视自身的价值与形象，那么该品牌必然拥有一个好的品牌故事。纵观国际著名箱包品牌的历史，都会发现它们有着独一无二的品牌故事。品牌故事是企业文化的精神载体，通过故事可以传达箱包企业的精神理念、品牌文化，在故事的传播过程中可以达成与消费者的情感共鸣。

故事内容要真实可信。品牌故事常用叙事的方式描绘，需要包含时间、地点、人物、事件、原因和结果的完整叙述。故事可以是真实的，也可以是虚构的，但一个好的品牌故事必定有一个真实事件为蓝本。品牌故事是“讲”出来的，因为大部分品牌故事都是经过重新设计和撰写，安排更合理的情节、渲染气氛等加工改造后，将它们传播给广大受众，从而激起消费者的兴趣，加深对品牌的印象，达到良好的品牌传播效果。然而很多品牌创立并不是一开始就有好的故事，虚构的故事不能生搬硬套，一定要在现实的基础上进行加工改造，表达自身品牌的内容，符合人们的情感和逻辑。

故事要有独特性。品牌在创立和发展过程中，会发生各种各样的事情。撰写故事时，要去提炼那些值得关注的事件才能让人们印象深刻，像品牌的来源、创始人的奋斗史、产品的独特性、与名人的联系等，都可以是品牌故事的蓝本。如全球著名的奢侈品牌——爱马仕，至今已有 170 多年的历史，一直以来秉承精美的手工制作和贵族式的设计风格，深受上流社会人士热衷追捧，爱马仕凯利包的稀有本身就是一个传奇。1956 年，身怀六甲的摩洛哥王妃格蕾丝·凯利参加公共活动，面对众多的媒体，就用随身携带的爱马仕手袋来掩饰因怀孕而隆起的肚皮，从此凯利包得名。购买凯利包需要提前预约定制，由于皮包每一项工艺都是工匠纯手工制作，制作难度大、周期长，到顾客手中至少要两年甚至更长的时间。

要传播好企业品牌文化，就要多讲故事，讲好故事。好的品牌故事能够拉近品牌与消费者之间的距离，增加品牌对消费者的吸引力和感染力，有利于传播品牌正面积极的形象。

（四）箱包品牌的品牌联想分析

目前，高端品牌传达的品牌联想的主要内容是“奢华、时尚”，比如路易·威登等，它们的目标市场是高端消费者群，而运动品牌传递出的品牌联想是“运动、时尚”，瞄准的是中高端或中低端市场上的爱好时尚、个性的年轻人群。我们对国内市场较为成功的箱包品牌做一个简单的对比。如表 4-3 所列为对国内部分箱包品牌的联想的对比，我们可以看出路易·威登等品牌比较奢华、时尚的高端品牌让普通消费者觉得高不可攀，入门级产品，都要近万元人民币；而黑眼睛、木头人定位为时尚、个性的品牌，但用材单一，不能满足较成熟的消费者的需要，特别是商务需要；万里马定位为自然、自在、潇洒的品牌，用材也比较单一，难以突出时尚特点。

表 4-3　国内市场箱包品牌的品牌联想

品　牌	品牌联想	材质选择	主要产品种类
路易·威登	奢华、时尚	各种材质	全品类
登喜路	时尚、奢侈、创新	各种材质	全品类
ADIDAS	时尚、运动	塑料、皮革	背包、单肩包
万里马	自然、自在、潇洒	皮革类	男女手袋、钱包、旅行箱
黑眼睛	知性、浪漫、休闲、时尚	天然棉麻	背包、手袋
木头人	自然、平易近人	天然棉麻	背包、手袋
卡拉羊	商务	塑料	公文包、旅行包、背包

根据以上分析，箱包品牌定位应当首先找到竞争品牌的联想的空当。经过对比，我们可以发现市场有以下问题：

(1) 高端品牌的“奢华”,让普通消费者觉得高不可攀。因此,本土箱包品牌定位的设定要让消费者感觉亲切、自然。

(2) 由于箱包产品越来越具有快速消费品的特点,注重款式、强调流行将会是消费者选择箱包的一个重要依据。但是,几乎每个箱包品牌都在宣传时尚,因此只有新颖款式和艳丽色彩的时尚是不够的,应该推崇有品位、有内涵的时尚。

(3) 目前市场上的品牌,大多过于注重满足消费者对时尚的需求,忽略了品牌内涵的培养。为了满足消费者对品牌内涵的需求,我们需要建立一个有精神内涵的品牌。因此,箱包品牌应当注入完全符合目标消费群心理需求的品牌内涵,使消费者的精神需求得到满足。

六、针对分析题目总结

(一) 人格化要素在箱包品牌设计中的应用

品牌人格又称为品牌个性,来源于心理学中关于人格特征的相关理论。它是指在消费者认知过程中品牌所具有的人格特质,即将品牌拟人化赋予一种人类的性格行为与特征。因此,品牌人格指由品牌差异化定位在品牌形象和产品设计层面所产生的品牌独特风格。珍妮弗·阿克尔研究发现:可将品牌理解为某个人运用词语去描述其性格。她认为品牌可以用人口指标、年龄阶层、社会地位、生活爱好、个性特征来描述。珍妮弗·阿克尔通过对60个品牌及114项特征词汇的调研,提出了5种个性要素:真诚、激情、能力、教养、粗犷,如表4-4所列。这就是品牌人格量表,用来进行品牌个性测量与策略制定的指标体系。品牌可以同时拥有多种个性,如箱包新秀丽的品牌个性既包含激情又有教养。不过有些个性是彼此矛盾、无法并存的,会在传播过程中给消费者造成困扰。如教养对于李维斯这类代表强壮和户外个性的品牌来讲则是一种负担。企业可以通过这种人格化分析再结合市场分析制定出品牌的差异化定位策略,这对于产品设计的定位和输出具有较高的指导价值。

表4-4 品牌人格量表

5大要素	15侧面	45种品牌人格特征
真诚	务实的	纯朴的、顾家的、小镇的
	城市的	道德的、真实的、守信的
	健康的	新颖的、纯正的、守恒的
激情	愉悦的	情感的、友善的、温馨的
	勇敢的	潮流的、刺激的、非凡的
	活力的	年轻的、酷酷的、外向的
	创见的	独特的、幽默的、文艺的
	新颖的	进取的、独特的、当代的

续表 4-4

5 大要素	15 侧面	45 种品牌人格特征
能力	可靠的	勤奋的、安全的、有效的
	成功的	技术的、合群的、认真的
	聪明的	自信的、领导的、气场的
教养	高雅的	魅力的、好看的、卓尔的
	迷人的	温和的、女性的、温顺的
粗犷	户外的	阳刚的、西部的、积极的
	强壮的	强硬的、粗犷的、耿直的

（二）箱包品牌主题文化的挖掘研究

品牌文化定位是指把某种文化内涵融入品牌中，从而与其他品牌构成文化层面上的差异。品牌文化的定位必须围绕品牌文化核心价值而展开。品牌核心价值是品牌所凝练的价值观念、生活态度、审美情趣、情感诉求等精神象征。它是驱动消费者认同、喜欢，甚至爱上一个品牌的主要力量，也是品牌形成个性特征的重要因素。应从民族本土化层面来构建品牌核心价值。消费者在消费过程中经常会附带民族情节，企业建设品牌核心价值时，既要联系上这些民族性因素，又要有利于与消费者产生共鸣，并记住这个品牌；而这种民族情节对将要或者已经面向国际市场的品牌，也有一定帮助，因为对于其他文化背景下的消费者而言，这种核心价值具有独特的个性。以庆阳香包为例，庆阳香包具有丰富的地域性民族文化内涵，其包含的文化特征是它作为地方民族文化产品的价值所在，本身就是代表传统文化的营销王牌。但是随着人们生活方式、观念的变化，这种古老的民族文化内涵已经不符合现代人的价值观念。对文化的定位应本着继承和发扬当地独有的特色文化内涵，通过对香包文化价值、艺术价值、医用价值或相关民族故事等进行整合、挖掘，从传统民族文化中热爱生命、渴望幸福、呵护身心的人文关怀理念中，提取符合现代人生活观念和精神需求的文化内涵，进行准确的定位。换言之，企业文化“必须是活的文化、溶于现实的文化”，从而使消费者从品牌文化中找到价值与身份的认同感。

七、总　结

在品牌创建与产品设计中，既要追求外形上美观、有特色与创新，又要反映企业的文化内涵，特别是要彰显本民族的文化特征。其次应根据目标消费群体的特性，挖掘其功能需求之外的认知需求，从产品设计到品牌传播，结合现代化营销理念与技术载体，整合有限资源，提升品牌竞争力，增强品牌影响力。最后还要注重品牌的人格化因素，对企业品牌文化构建、传播以及品牌产品一致性设计具有一定的价值。

4.2 箱包技术分析

一、箱包的研究背景

在未来,中国箱包产业必将迎来更大的发展潮流。首先,国内经济持续稳定发展,人们收入水平增加,消费水平水涨船高,日常消费、商旅等需要不断上涨,个人审美也有质的发展,这也能促进箱包产业的进步。另外,国际箱包市场存在巨大的需求空间,这将直接促进我国箱包类产品出口的增长。中国作为箱包出口大国,每年出口量占世界箱包贸易额的 1/3,年产量超全球总量的一半,拥有数万家箱包生产厂家,作为制造大国,却没有自主国际大品牌。

移动互联时代,“智能”在一步步改造日常生活的各个领域:智能安防、智能家居、智能自行车、智能体重秤、智能手表……现在,智能旅行箱包的浪潮也逐渐涌来。过去,传统箱包一直不断强调其“持久耐用”的特性,在外观设计方面也都大同小异,没有特别突出的特性。而现在,移动互联的“智能”应用模式开始进入旅行箱包领域,并对箱包发起了功能性变革。智能定位防盗箱包的诞生犹如一颗被投到平静湖面的石子,引起无数波澜,它彻底改变了传统箱包品牌商一味追求箱包实用性及装饰性的现状。智能箱包突破传统,打造出一个全新的箱包品类,促进了箱包市场的发展,智能箱包技术值得深入探究。

传统箱包量产过程大同小异,比较流程化,其中并没有注重用户体验需求。智能箱包产品设计背景下,则需要将用户体验注入箱包产品设计以及箱包产品量产中。

传统箱包量产流程包括如下四个方面:

1. 样品打版

利用客人的样品或者图纸对行出格,然后根据纸格师傅给出的纸格开料来做板。在做板的过程中,既要核对每道工序或工艺与本厂的实际情况是否满足要求,又要根据工厂的实际情况,有难度时提出解决方案来保证客人的工艺要求能够顺利实现。

2. 产品试做

将产品所需的一切物料与模具采购回来后,安排生产人员进行量产。量产的数量由产品的工艺要求来定,一般情况下量产 50～300 个。在量产过程中,要将产品所有的技术难点与工艺难点一一明列出来,并将具体的操作方法用表格的方式进行记录,包括对所有刀模的比对,一些要用到的点位格的制作,一些冲孔模具的制作,以及对一切可能出现的异常情况进行预估,并做出对应的方案。

3. 产前的生产工位预排拉

将生产中所有的工序明列出来,并算出所需的工时与工人的数量,然后根据工序的先后以及每一道工序所需的时间来对每一个工位进行工作安排。

4. 制作过程

(1) 开　料

开料前应拿小刀模试准层数，确定所拉物料能开几层后再进行开料。开料时要注意平整，不能在开料过程中出现料有折叠的现象。

(2) 开　皮

皮革一般分为两种：第一种为头层皮（动物原皮）；第二种为二层皮（再生皮）。

(3) 铲　皮

铲皮前应先拿废料试刀并调宽度，确定无误后方可开始铲皮作业。

(4) 油　边

油边前应先检查开料裁片边缘是否整齐，是否有起毛或起粒现象，如裁片边缘不齐应进行打磨、打砂、烧边，或换料后再油边，以避免浪费时间。油边的物料若需进行烧边，应注意烧边时不可将裁片烧黑、烧糊，把皮毛烧平即可。打磨要尽可能顺纹，要使油边位置平滑。

(5) 胶水作业

刷胶前应明确所做物料应该使用何种胶水，真皮、帆布、水松料里布等使用103粉胶或阿么尼亚胶（即白乳胶），洗水料、古冶料、尼龙料、PVC或帆布等使用477胶水。

二、现有智能箱包技术

(一) 箱包智能充电的功能

在长途旅行中，常常会碰到手机没电的情况，带有充电功能的智能箱包可以作为一个很方便的移动电源。拖动拉杆箱时，运动的轮子带动发电机产生电能，将电能储存在一个容量很大的充电宝当中；当旅行时若需要给手机充电，直接插上外接的USB插口即可，如图4-2所示。不过这项技术也有缺点：由于行李箱自带移动电源，相对于传统行李箱存在一定的安全隐患，并且航空业禁止携带超过160 W·h的锂电池电子设备乘机，并且无法托运备用电池和充电宝，这样会使智能行李箱的应用范围受到限制。

图4-2　箱包充电功能

（二）箱包防丢防盗的功能

智能防丢防盗箱包包括两个功能：蓝牙防丢和GPS定位。蓝牙防丢是指当人和行李箱之间的距离超过一定范围后手机便会收到警示信息；GPS定位是指行李箱与手机之间的距离超出一定范围，手机便会发出警报信息，避免发生将行李箱遗失在出租车或餐厅的意外。还可以通过手机随时查阅智能拉杆箱的位置，避免个人物品遭盗窃，如图4－3所示。

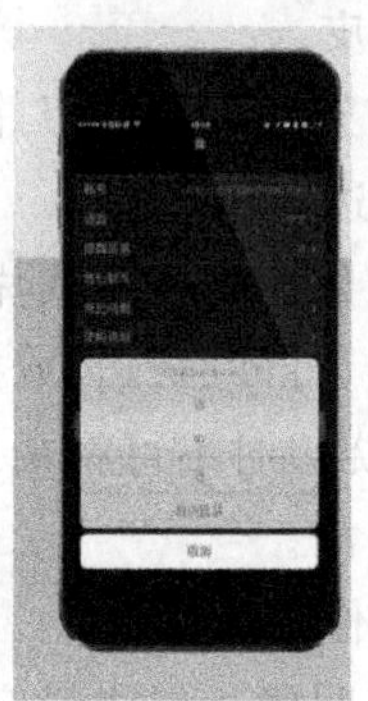

图4－3　箱包防丢防盗的功能

（三）箱包自动称重的功能

箱包可以测量重量，只需要向上提拉箱子，手机APP就可显示出箱包的重量，托运不必担心超重。箱体内置弹簧，弹簧一端连着一个滑动变阻器，而另一端连着一个电流表或者电压表，滑动变阻器的细微位置差异导致电阻不同，于是根据公式就能得出箱包的重量，如图4－4所示。

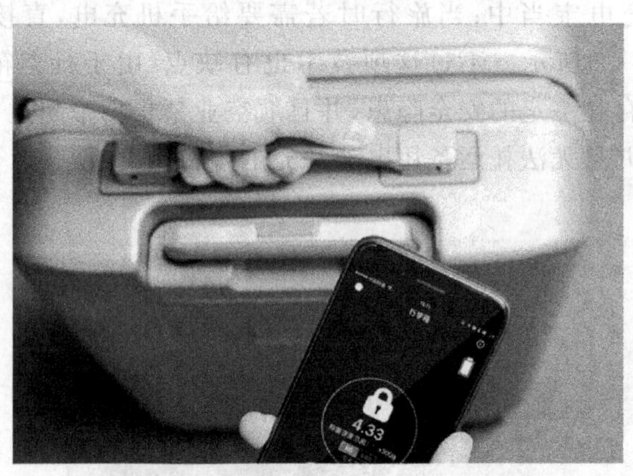

图4－4　箱包自动称重的功能

（四）箱包智能蓝牙锁的功能

箱包基于蓝牙的方式与手机APP相连，可远程控制，支持多种解锁模式：用手机无线解锁，还配置了专业海关锁钥匙，双重保险，方便用户操作。智能蓝牙锁不仅应用于箱包行业，而且应用于共享单车行业且使用更为广泛，它们的蓝牙锁原理相似。为了使共享单车的使用更加安全和便捷，研究人员推出了蓝牙锁技术，具体是在蓝牙锁里嵌入 MS49SF1 串口模块。MS49SF1 串口模块采用 nRF51822 芯片，广泛应用于蓝牙智能锁行业，可以通过手机 APP 连接，轻松点一下手机界面的按键就能实现开关锁。手机 APP 与模块之间的连接通信进行了加密，保障了开关锁的安全，如图 4－5 所示。

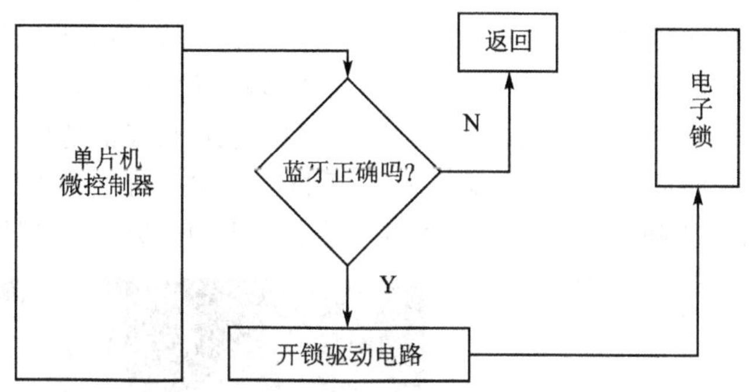

图 4－5　箱包智能蓝牙锁的功能

（五）骑行箱包的功能

电动骑行行李箱是把箱子当作电动车，省力又省心。在使用时，只需转动把手就能发动箱体，松开即停，即使第一次骑车也能轻松驾驭，轮胎尺寸足够适应各种路况。箱体另一侧还隐藏一体式伸缩合金拉杆，手感舒适，无论旅行还是出差，随时随地畅通无阻。该行李箱搭配智能 APP 使用，可以显示骑行速度、路程、档位等数据，让骑行更加有趣，如图 4－6 所示。

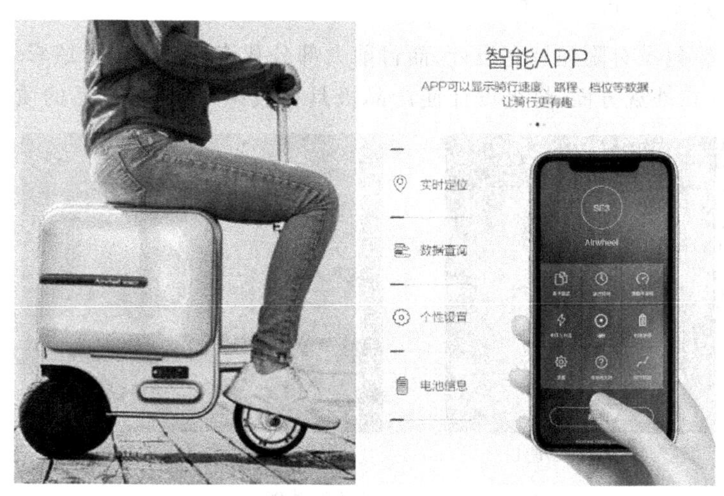

图 4－6　骑行箱包的功能

这样一款电动骑行箱包的确给出行带来了便利,但依旧存在一些缺点。航空锂电池登机规定:携带锂电池额定能量不能超过 160 W·h,如果一定要携带这种箱包登机,那么需要用户自行更换小额能量的锂电池。通常情况下,如果在机场安检时才发现这个问题,则无法快速解决,会给用户带来不必要的麻烦,造成不好的用户体验。

(六)箱包自动跟随的功能

自动跟随技术使用 UWB 军用无线电定位跟随技术,快速分辨主人,并开始智能自动跟随。机器视觉 AI 技术通过特殊调制的激光线束,利用机器视觉抓取激光点云数据,使箱包能够瞬间识别主人的行动姿态并进行分析,不仅可以灵活地紧紧跟随主人,还能够根据主人的行动变化实时调整路径行进策略,如图 4-7 所示。这种箱包具有多种传感器协同的避障智能系统,无须任何遥控装置,可灵活地加速、急转、刹车,能够适应多种复杂路面。在正常跟随状态下,手机会间歇振动(2 s)以提醒用户箱体跟随正常。当箱体与跟随距离超过 3 m 时,手机会持续振动以提醒用户跟随丢失。

(a) 箱包自动跟随的功能1

(b) 箱包自动跟随的功能2

图 4-7 箱包自动跟随的功能

(七)箱包灯光设计的功能

大部分传统箱包没有附加灯光设计,而目前大部分智能箱包推出了炫彩灯设计,如图 4-8 所示。在外观方面,灯光设计使产品极具科技感,提升了产品的质感和档

(a) 箱包灯光设计的功能1

(b) 箱包灯光设计的功能2

图 4-8 箱包灯光设计的功能

次；在使用功能方面，有些炫彩灯是为了安全考虑而设计的，常亮代表待机模式，慢闪代表跟随或者遥控模式，快闪代表异常情况。通过炫彩灯的设计，增加了产品与用户之间的交互行为。

三、智能箱包的安全问题

智能箱包给用户带来了极大的便利性，极大地提升了用户的生活品质。与此同时，数据安全、隐私泄露等情况也如影随形。包括箱包在内的很多智能家居产品都存在信息安全问题，例如亚马逊曾经被爆出在全球雇佣 1 000 多名员工对智能音箱用户的语音进行监听，尽管亚马逊声称不提取个人信息，只是监听语音用来为用户提供更好的服务，但这种说法很难自圆其说。还曾经发生过一对夫妻的谈话，被智能音箱推送给他们的朋友。调查结果是谈话的一些关键词触发了智能音箱，而智能音箱在没有领会使用者意图的情况之下，错误地将语音推送给了他们的朋友。

智能家居设备在收集用户信息、数据等方面的问题是十分普遍的。各国也在积极立法保障用户信息不被滥用，用户隐私不被泄露。作为用户，我们除了购买可靠的智能家居设备，能够做的只有在适当时候关闭智能家居设备电源，特别是声控设备、摄像设备。除此之外，并没有合适的方法。

除了信息泄露等一系列问题，智能箱包产品还存在安全隐患等技术问题。智能箱包内部都会设置一块锂电池，不符合许多航空公司的托运要求，并且缺乏明确的智能箱包相关规定，市场发展不成熟。

四、总　结

智能箱包不同于传统箱包，它是在传统行李箱的基础上，加了一些现代化、互联网元素的箱包产品。智能箱包是一种新型智能装置，功能上更优化和多元，材质上选用新型材料，又轻便、结实耐用，是现代科学技术制造出的高智能化的旅行箱包产品。人类的科学技术是不断发展的，发展过程中会产生许多新的问题，如信息泄露，因此，智能箱包的更高智能化升级还有待于科技的更多突破与探索。

根据目前箱包行业的发展概况，要做好箱包市场，除了研发新的科技，还要从其他许多方面考虑。可从箱包本身的款式、材质、颜色、风格等以及市场竞争品、消费者喜好来考虑研发和量产。箱包和每个人的日常生活息息相关，大部分消费者最终会选择的多为物美价廉的产品，这需要我们设计者挖掘到用户最真实的需求，并且在功能技术和外观造型上不断考究，才能在激烈的市场竞争中站稳脚跟。

4.3　箱包皮雕工艺分析

随着社会经济的发展和人们审美要求的提高，皮雕工艺的发展也越来越成熟，其在皮革制品设计中的应用也更加广泛，并朝着多元化和全面化的方向发展。皮雕工艺不仅体现了创作者个人的艺术魅力,而且是生活美学中温柔性质的最佳体现;但如何将皮雕工艺年轻化、现代化以符合现代年轻消费群体的眼光?是否可以运用新材料进行制作?本节通过对皮雕工艺的起源和加工的简单介绍,分析皮雕工艺在箱包设计中的运用,探讨箱包发展前景,以加深人们对皮雕工艺的认识。

一、箱包皮雕工艺的背景分析

近代皮雕艺术源起于文艺复兴时期的欧洲,在欧洲中世纪时期,就有利用皮革的延展性来做浮雕式图案的器具。如图 4-9 所示,皮雕作品雕刻精美、工艺细致,在欧洲中世纪之后一度是王公贵族身份和名望的象征。这种皮雕工艺长期在私下传授,并没有公开和流行。公元 1492 年,哥伦布发现美洲的同时皮雕由西班牙传入美洲。一直到 20 世纪以后,皮雕才成为美洲人的喜好。第二次世界大战时由占领军传入日本,后由日本传入中国台湾,近几年才传入中国内陆,并开始蓬勃发展。

1492 年在意大利航海家克里斯托弗·哥伦布发现美洲的同时,欧洲文化传入美洲,而皮革工艺也经由西班牙人传入。正统的欧洲风格的皮革工艺,因为采用了新大陆的娇嫩植物——藤蔓花纹的图案而产生变化,各种技巧也逐渐应运而生,成了西部牛仔马具和皮带的装饰。将美丽的图案雕刻在皮革上的皮雕艺术,即西部式(Western)皮艺技法,在西部开拓时代可说是极优美的皮革工艺。但是这种皮雕技术被长期地私下传授,并没有公开,一直到 20 世纪以后,皮雕才成为美洲男性间的喜好。日本则是第二次世界大战时由占领军将 Western 的技法传入日本,达到目前的流行。我国则在近年间亦逐渐萌芽了。皮雕工艺如图 4-9 所示。

图 4-9 皮雕工艺

二、现代箱包皮雕的工艺特性

(一) 材料特性

皮雕所用的雕刻皮也叫作植鞣革。植鞣革是头层牛皮的一个细分种类,也称皮雕皮、树膏(糕)皮、挎皮、带革,颜色为未染色的本色。植鞣革的特点:经过鞣制加脂后的皮革柔软,成革纤维组织紧实,延伸性小,成形性好,板面丰满富具有弹性,无油腻感,革的粒面、绒面有光泽,吸水易变软,最适合做皮雕工艺品。皮雕制品的颜色丰富,且不含对人体有危害的物质,可与皮肤直接接触。如图 4 - 10 所示为原材料头层牛皮。

(二) 纹样特性

现代皮雕工艺的纹样风格,从盛行华丽的谢里丹风格唐草到在此基础上发展的严谨、对称的日式风格唐草,皮雕艺术作品的表现对象从植物纹样到动物、人物纹样,其表现对象范围越来越广。但不论哪种风格的纹样,从事手工皮雕工艺的创作者都要从绘制纹样开始,合理布局,线条的组织和立体块面的表现,都要经过长期推敲、反复训练,才能达到理想状态。其次,手上功夫的磨炼也是皮雕工艺水平的体现,这也需要长时间的经验积累。国内皮雕工艺发展突飞猛进,出现很多原创综合性皮雕作品,如图 4 - 11 所示。

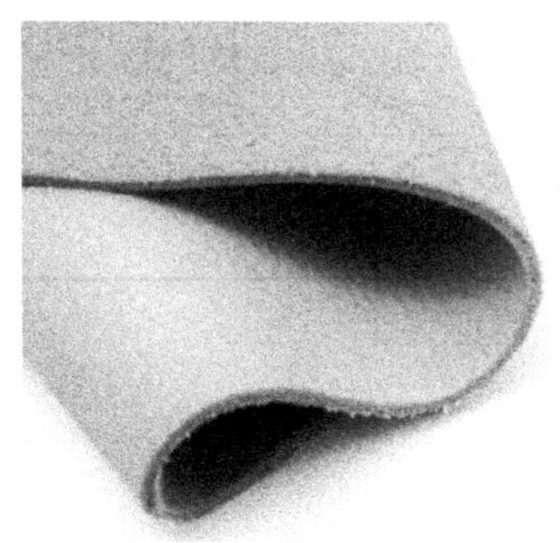

图 4 - 10　原材料头层牛皮

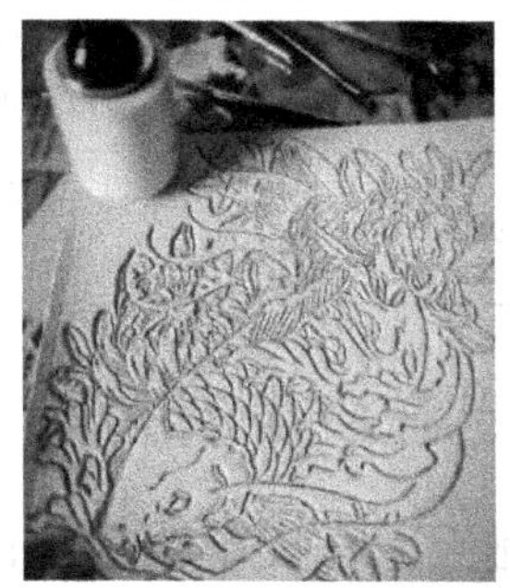

图 4 - 11　皮雕图案(锦鲤)

皮雕的图案类型丰富,风格、特点多变,可满足不同人群的审美需求。它既可以是简单的几何图形,也可以是生活中随处可见的图形,从复古到现代风格的图案应有尽有,可根据个人不同的爱好进行搭配。

(三) 雕刻特性

所谓皮雕,就是以旋转刻刀及印花工具,在皮革上刻划、敲击、推拉、挤压,从事创作,制作出各种感觉及效果的图案纹样,或是平面山水画,或是缀以装饰图案的形物,在皮革表层雕琢出凹凸的层次及纹饰。因此,在皮革上雕出凹凸不同层次的平面作品,统称为皮雕。这种技术与竹雕、木雕等技法类似。

三、箱包皮雕工艺的制作流程

如表 4 - 5 所列为箱包皮雕工艺的制作流程。

表 4-5 箱包皮雕工艺的制作流程

序 号	皮雕工艺制作流程	步 骤	制作要点
1	选取皮革	从头层牛皮、黄牛皮、树膏(糕)皮、栲皮等选取皮革	既柔软又强韧的特性,使其成为雕刻材料的最佳选择
2	图纸设计	工艺图纸设计和雕刻图案设计	清晰地表达出雕刻图案的大小、尺寸、形状以及最终所要表达出的雕刻效果
3	裁皮	依据皮雕产品的具体设计选取不同种类和厚度的皮革	裁皮刀在使用过程中要注意力度和角度
4	复制雕刻图案	在皮革上绘制图案的纹样,接着用螺旋刻刀在绘制的纹样上刻出具体的图案轮廓	拓印图案时注意顺应图案线条的走势和层次对比,保持均匀的力度和速度,避免重复拓印出现线条粗细不均匀等现象
5	图案雕刻	根据所绘制的轮廓线对皮革表面图案的刻画装饰线条进行装饰	按照先简后易、先整体后局部的原则,刻画刀线要连续流畅、力度均匀
6	塑形	根据设计效果对雕刻完成的图案进行塑形处理	完成塑形的皮雕作品置于阴凉处
7	颜色固定	用酒精染料、盐基染料和含酒精染料固定颜色	根据皮雕的设计效果选择合适的染料,并作防染处理

四、皮雕工艺在皮革制品设计中运用

(一) 皮雕工艺在皮革钱包制品中的运用

钱包是现代人们生产活动中不可或缺的东西。随着时代的发展和人们对生活质量的追求逐步提高,市场上的钱包品种使人目不暇接,但产品辨识度不足,款式单一,不具有美感。现在消费者选择钱包时,更加注重其外观和材质。皮雕制品的钱包既提高了钱包的美观程度,又使消费者具有美的感受,还可以凸显消费者的个人品味。皮雕钱包如图 4-12 所示。

(二) 皮雕工艺在托特包中的运用

钱包男女士都可以携带,托特包则是现代女士的专用物品,具有十分明显的女性化特征。皮雕工艺在托特包中的运用,主要是针对女性的。将皮雕工艺与托特包融合在一起的皮雕托特包如图 4-13 所示。这一工艺不仅可以凸显女士的独特气质,而且可以显示托特包制作过程的用心。雕花工艺与制作托特包融合的过程中,雕花的图案与颜色是重中之重,决定了托特包是否有设计感。在选择图案与颜色的过程中,需要突破以往沉闷的风格,只有这样才能牢牢抓住消费者的心。

图 4-12 皮雕钱包

图 4-13 皮雕托特包

(三)皮雕工艺在其他皮革制品中的运用

在日常生活中,雕花工艺除了能与皮革钱包、皮革手袋相结合之外,比较常见的还可与皮革眼镜包和化妆包等相结合。皮雕工艺在生活中的运用越来越多,逐步为大众所接受。尤其是女性,皮革制品的美观与舒适深得现代女性的青睐,而且,随着皮革制作与雕花工艺的深入融合,人们可选择的品种也越来越多,皮革渐渐地走入了人们的生活。

五、箱包皮雕工艺的现代化

随着箱包皮雕工艺的不断发展,工艺已不再是束缚手工皮具产业化的主要问题,创作意识和创新能力才是目前限制发展的主要原因。传统制作工艺、绿色环保的意识影响当前消费价值观和生活品位,这也造就了皮雕手工艺术越发凸显出时代的价值。但皮雕工艺的发展也使得产品设计同质化现象严重,只有充分了解皮雕工艺和产品的社会需求与艺术价值,才能有效地开发出满足人们情感需求和使用需求的特色皮艺产品,迎合消费者的心理,符合现代审美语境和现代审美导向,从而使创新性产品能在同质化设计中脱颖而出。在创作中要以尊重传统的创新为基本原则,在造型元素上不是完全复制和照搬,而是进行提炼和转换,要用现代化的眼光去审视。

六、箱包皮雕工艺前景分析

箱包皮雕工艺是一门古老且具有独特魅力的技术,无论是艺术表现力还是制作过程都是独特的。随着人们物质生活水平和审美水平的提高,箱包皮雕制品势必会实用与美观兼备。每一道工序都精心细致才会做出高质量的箱包皮雕作品。深入把握皮质的特性,在原有基础上推陈出新,才能提高皮革产业的活力和创新力,还能提高消费者的审美水平。只有贴近消费者的需求而打造出消费者喜闻乐见的产品，才能使箱包皮革产业得到更好的发展。箱包皮雕工艺的传播发展，需要新的设计理念，要对传统装饰艺术进行归纳总结，以便符合现代人的审美需求。工具的开发也给箱包皮雕工艺的创新带来了更多的可能性。从事箱包皮雕工艺创作，从动物、人物、场景等题材的拓展，到纹样的创新，留给箱包皮雕工艺手的创意空间越来越广，箱包皮雕工艺的发展是多元化的。

七、总　结

设计是与文化和生活息息相关的，只有深入了解历史悠久且具有鲜明民族特色的内涵博大精深的中国文化，才能继承传统内涵并且将其精华贯穿到现代产品设计中。要通过对中国传统文化内涵的理解和诠释，深层次地发掘其潜在的元素和意境，并运用到手工皮具的产品设计中。

4.4　包的风格分析

一、极简主义包

(一) 极简主义起源

极简主义的起源可以追溯到 12 世纪时期欧洲的宗教改革运动和美国的抽象表现主义思潮，也可以追溯到构成主义，以及对包豪斯元素的吸取。20 世纪 50 年代，涌现出以直角、线条、简单几何体为主的艺术作品，绘画和雕塑尤为突出，因此引发艺术家对以往以堆砌烦琐材料来达到艺术效果的奢华烦琐的设计风格的反思。一部分艺术家开始主张用简约的创作手段重新诠释艺术，这为极简主义打下了思想理论基础，并使极简主义开始流行。

(二) 概　念

极简主义，英文名称是“Minimalism”，也称为极简派艺术、简约主义。它可以是一种艺术流派，也可以指一种生活方式、时装风格。极简主义就是把表达艺术的方法、手段和内容进行最大限度的削减，因此产生强烈的视觉感受，从而获得艺术的本质。简单地说，极简主义就是去掉多余的装饰，用最基本的表现手法来追求其最精华的部分。“少”不能直接导致“多”，却能引发更为深刻的视觉震撼，这便是极简主义至今还能被很多设计师推崇的重要原因之一，成为当今艺术界的主流趋势。

(三) 特　点

极简主义的大意为：当一件作品的内容被减至最低限度时所散发的完美感觉。当物体的所有组成部分、所有细节以及所有的连接都被减少压缩至精华时，它就会拥有这种特性，这就是去掉非本质元素的结果。现代生活的快节奏和重负荷，以及海量碎片化信息使人们的内心越来越焦虑，人们内心渴望缓解精神压力，解除审美疲劳，极简主义的理性实用、简约整洁、直观易懂、优雅大方等，正好迎合了人们的精神需求，给人们带来干净和纯粹，带来一种安宁的感受。

虽然极简主义是以简约著称的，但实际上，极简主义设计并非一味地追求设计形式的简化，而是追求设计形式和功能的平衡。在实现设计功能的前提下，去除非本质的和不必要的装饰，使用干净流畅的外形，可使设计呈现出优雅感和纯粹感，减少人们的认知障碍，方便人们使用与欣赏。

如图 4－14 所示为美国某品牌的极简双肩包，采用自定义大容量主隔间，笔记本、平板电脑都有独立空间，分层搁放；特大前口袋取物方便，侧面口袋隐藏设计；具有符合人体工程学的肩带、一指释放快速释放扣，以及 100％再生 PET 塑料瓶制成的织物；背部防盗拉链可轻松收纳钱包、护照；特别设计的铝制挂钩和重型铝制配件，牢固可靠，可掀开折叠的上盖设计极具设计感。

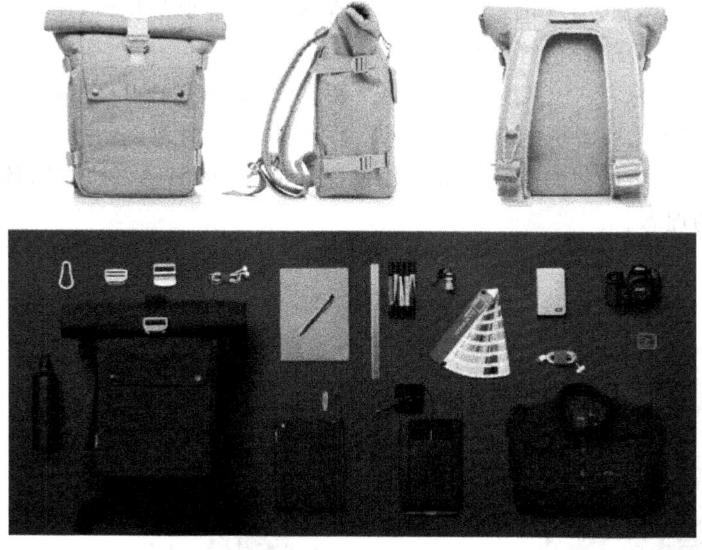

图 4－14　极简主义包

二、复古风格包

（一）复古风格包的重要时期

巴洛克时期：此时期的艺术风格完全背弃了古典含蓄的传统艺术理念，追求豪华富丽、气势雄伟的艺术感，称为巴洛克风格，主要表现为华丽质感，重装饰，在图案上广泛运用曲线、弧线、强调动感与复杂的图案形式，并以勾卷形的抽象题材为主，突出华丽奢华的感觉。

洛可可时期：该时期继巴洛克时期之后，其特点为纤弱娇媚、精致细腻、繁复琐细,大量运用蝴蝶结、蕾丝、缎带、褶皱等元素,形成了繁复造作的装饰,诠释了阴柔细腻的服装基调。

(二) 概　念

20 世纪 60 年代以来,一方面“复古”一词指人工制品,例如过去的特定模式、图案、技术和材料;另一方面,许多人使用“复古”对过去创建的样式进行分类。复古风格是指具有过去特征的新事物。它不同于历史主义的浪漫一代,它主要是专注于产品、时装和艺术风格。复古是对过去曾经流行的某种元素或现象的一种致敬,是一种形式主义的时尚。

(三) 特　点

市面上一些流行的复古包,例如邮差包、公文包及复古箱子等,大多都是 20 世纪流行的款式。这些包袋有有棱角的,有方方正正的,各种尺寸都有范儿,体现的是一种成熟的、历时不变的经典魅力。就拿复古书包来说,一般个头比较大,因为从书包衍变而来,设计比较齐全,而且色彩选择比较丰富,除了最经典的棕色,还有活泼的黄色、沉稳的墨绿色、可爱的粉色等多种选择。

如图 4－15 所示为 LV BOURSICOT EW 手袋,包身饰有 Belle Epoque 印花,整只手袋充满巴黎郊外 LV 工坊的装饰艺术风格,造型精巧且时髦,老花的点缀又赋予它复古情怀。复古风格的包的颜色一般比较偏深,有一种怀旧感、气质感,体现出含蓄与雅致、优雅的理念。

图 4－15　LV BOURSICOT EW 手袋

(四) 甜美淑女风格

自然清新、优雅宜人是淑女风格的概括。蕾丝与花纹是柔美新淑女风格的两大时尚标志。如图 4－16 所示为带有蕾丝边的向日葵包,风格清新、简单、甜美。

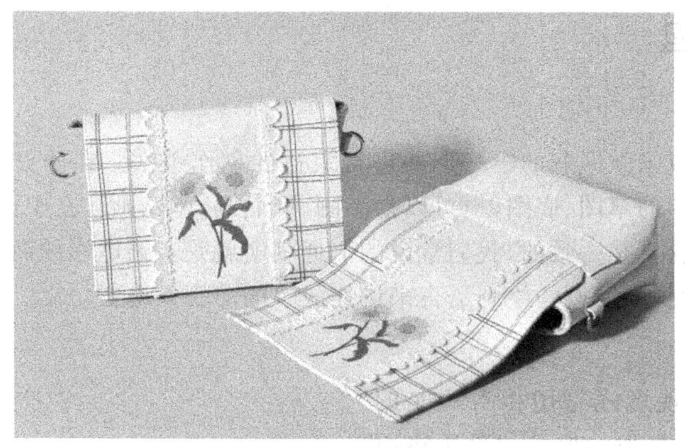

图 4-16 向日葵包

三、田园风格包

(一) 概 念

田园风格是指以田地、园圃、乡村特有的自然特征进行创作的作品或流派，同时带有一定程度农村生活或乡间艺术特色，表现出淳朴自然、温馨甜美、平和内敛、宁静和谐的艺术格调。田园风格以回归自然为核心，不主张精雕细刻的作风，受到人们认可并成为一种流行，引起人们对乡村生活方式及乡间留存的独特民间艺术形式的好奇或向往。

(二) 特 点

田园风格的包一般常用色织条纹、条格图案、碎花纹等花草植物图案为主题，形成错落有致的格局和层次，结合柔和淡雅的用色，充分体现人与自然的完美和谐的交流，在自然和怀旧中追求一种浪漫的理想情愫。田园风格主张活在当下、享受幸福，生活态度悠闲自得，以天真的、自然的、原生态的、淳朴的、清新的、慵懒恬静的设计风格被大家认可。此类风格的服饰常用米色、麻色、灰色、蓝色、粉色为色彩基调，或搭配一些“民族风”的元素。

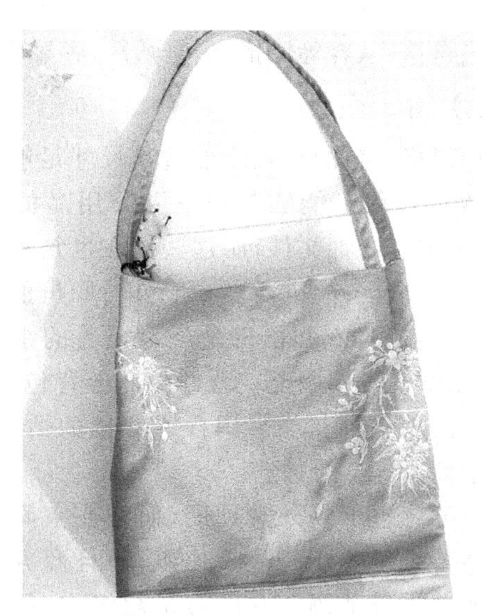

图 4-17 田园风格包

如图 4-17 所示为田园风格的挎包，颜色清淡，边缘绣有几朵花，搭配起来的风格简单、清新、淡雅。

四、卡通风格包

(一)概　念

卡通是指那些以幽默讽刺的绘画形式进行表达的创作手法。在西方,卡通可以指壁画、油画、地毯等的草图、底图,也可以指漫画、讽刺画、幽默画。在中国,卡通、卡通电影与动画片的含义是一致的,我们常说的卡通其实就是卡通电影的简称,指的是借用风格简练、充满幽默讽刺的绘画语言来讲述故事的非真人电影。

(二)特　点

卡通设计的表现形式是用相对写实的图形进行表达的,用夸张和提炼的手法将原型再现,是具有鲜明原型特征的创作手法。用卡通手法进行创意需要设计者具有比较扎实的美术功底,能够十分熟练地从自然原型中提炼特征元素,用艺术的手法重新表现。卡通图形既滑稽、可爱,又严肃、庄重,如图 4-18 所示。

图 4-18　卡通风格包

五、商务风格包

(一)概　念

商务包是指工作的时候可以用的包,比较实用和典雅。它的风格比较商务一些,非休闲,在办公室上班的女士用的包,比较正统、优雅大方,配职业装,强调时尚、精致、品味、自信、从容等风格,成熟知性,彰显成功、挥洒个性的理念。

(二)特　点

这种风格背包的特点一般就是尺寸足够大。所谓商务款背包就是能够装得下办公用品的所有东西,比如电脑和各种文件,而这些现在也是很多公司职员上班需要准备的东西。一般公司职员的工作服都是西装,所以衬衣和西裤是一对完美的组合工作服,如果给这套工作服配一款好的商务背包,就能够提升个人的精气神。如果用普通背包的话,就没有足够显示商业气息的感觉。

商务款背包不仅外观硬朗,而且在空间上有足够的立体特点以便于搭配工作服,而且商务款背包内部功能区划分清晰。它的容量超级大,便于你将有用的东西都装在里面,如图 4-19 所示。

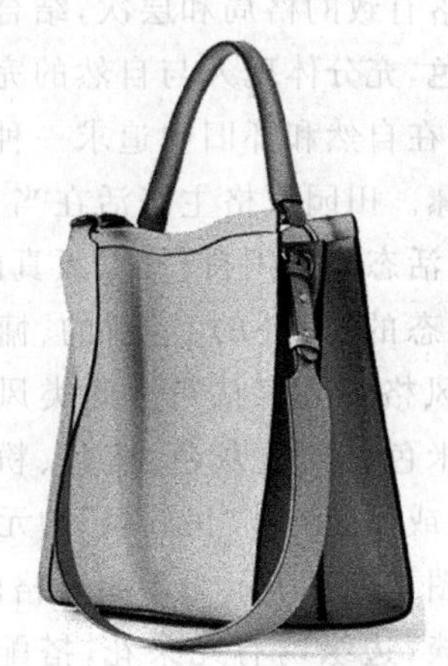

图 4-19　商务风格包

六、学院风格包

(一)概　念

学院风本是指一种着装风格，但箱包设计风格也有“学院风”，以美国“常春藤”名校校园着装为代表。由热衷运动、交际和度假的贵族预科生(Preppy)引领的衬衫配毛背心或者V领毛衣的装扮在20世纪80年代极为流行。“学院风”代表年轻的学生气息、青春活力和可爱时尚，是在学生校服的基础上进行的改良。时尚圈里盛行的“学院风”让人重温学生时光。学院风格的包普遍颜色鲜艳，比较重视包的功能，比如背带比较宽，背起来比较省力等。学生是最常使用背包的一个庞大群体，学生对于背包的要求，主要是它的容积；但现在随着越来越提倡个性化，背包设计既要有用，也要具有个性化，跟得上时代的潮流。

(二)特　点

学院风格包容量很大，如图4-20所示。一部分有休闲的风格，而且复古风在时尚元素中越来越重要，以前基本款型的包，现在通过重新装饰，又开始被人们利用，这些基本款式的颜色都是糖果色、荧光色，它具有学院或者时尚结合的特点。这样的背包可以时时刻刻透露出学校里面的清新和活力，而且这样的颜色一般和学生平日单调的校服形成反差，所以会更加搭配。

图4-20　学院风格包

七、街头潮流风格包

街头文化有很多，几乎街头的任何艺术都可以称为街头文化。谈起街头的潮流，一般人最容易想到的是那些尺码超大、宽松随意的嘻哈服饰。街头潮流风格包是有个性、颜色大胆的，常常带有印花，低调又炫酷，如图4-21所示。

图4-21　街头潮流风格包

八、休闲风格包

运动休闲风格源自办公室白领。他们喜欢在工作前到健身房运动,然后穿着运动服饰和商务服饰的组合,走进办公室。就这样,一种新的风格悄然出现了。随着越来越多的男士效仿,它彻底红火了起来。

不管用户是不是热爱运动,都可以很好地驾驭这种风格。运动与休闲的结合,恰到好处地诠释了男士的阳刚魅力。越来越多的品牌商开始争抢这块巨大的蛋糕。市场上到处可见运动休闲风格的单品。休闲款的背包一般都是时尚元素居多,比较俏皮,可爱活泼,不管它运用的时尚元素是什么,大都呈现这样的特点;而且休闲款的背包一般都具有简约的风格,看起来并不会很复杂,越简单的背包,越能给人一种时尚的感觉,搭配衣服也比较好,总体会给人呈现出一种清晰年轻的味道,是现在大部分人喜欢的搭配方式,如图 4-22 所示。

九、民族风格包

民族风格是指一个民族长期形成的本民族的艺术特征,是由一个民族的社会结构、经济生活、风俗习惯、艺术传统等因素构成的。由于生活经历、文化教养、思想感情、创作主题和表现手法的不同,不同的作品又形成不同的风格,民族风格往往表现出时代的、民族的和阶级的属性。民族风格包的颜色大红大绿比较多,色彩比较艳丽。民族风格包的面料一般是棉和麻,款式上具有民族特征或细节上带有民族风格,如图 4-23 所示。

图 4-22 休闲风格包

图 4-23 民族风格包

十、运动风格包

运动风格是指高级时装和运动装备的混搭，把运动风格玩出高级范，不经意间表露出运动灵魂，看起来既有活力又健康。运动风格包中有一种旅行款的背包，舒适、透气、容量大。

十一、朋克风格包

像所有的摇滚种类及其分支类别一样，朋克也是一个完全新生的运动。虽然“朋克”这个词的定义似乎并不清晰，但它无所不在的表现散发出重金属似的威力。它的风格是无拘无束的，自我表现清晰的。朋克风格包主要是采用大量的铆钉、金属元素等，颜色多采用黑白、深色等，如图 4-24 所示。

图 4-24　朋克风格包

十二、原宿风格包

“原宿”一词源于地名，是东京涩谷的一个地区，原宿是东京时尚的核心地带，是日本著名的“年轻人之街”。原宿风虽是日本涩谷的街头文化，但无疑成了个性、特立独行、坚持自我的代名词。当下中国原宿风箱包品牌正在悄然兴起。原宿风是坚持自己的风格、不受任何人影响的一种风格。这种风格恰好迎合了当下许多人的审美心态——自我独立，与众不同。

原宿风格箱包品牌是千变万化的，能表达出自己独特的风格，就是“原宿”。原宿风格箱包的品牌文化不仅体现在某款箱包的设计上，也体现在生活态度和内心情感的表达上。中国原宿风格箱包品牌在设计上，更加注重文化的概念，不断地挖掘我国

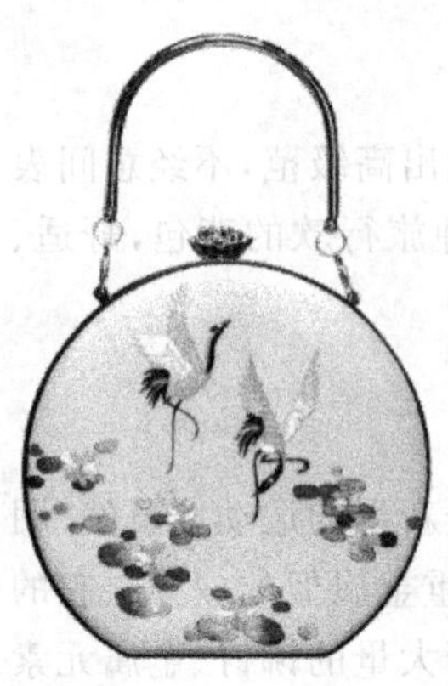
图 4－25　但慕丁香包

文化艺术中的精粹，如将麒麟、龙、刺绣、京剧艺术等图案用于箱包设计中。如图 4－25 所示，但慕丁香包是原创高端设计品牌，主张素雅而简洁、个性而不张扬的设计风格，推崇原生态主题下亲近自然、回归自然的健康舒适生活，追求天人合一的境界，精心为用户提供具有中国原宿风特色的箱包设计。

经过不断的蜕变和成长，中国的原宿风格箱包品牌正向国际化迈进。许多原宿风格箱包品牌在国际时装周上已经大放异彩，向大众展示了品牌的个性。传承民族艺术财富的信心无疑为箱包未来的发展起到了重要的推动作用，也为中国原宿风正式迈向世界奠定了重要基础。

十三、轻奢风格包

随着电子商务的迅速发展和出国旅游购物行为热潮的兴起，很多箱包奢侈品品牌在中国销售量的增速逐年下降。然而，定位中高端、受众群更年轻的轻奢箱包品牌销售量增速迅猛。

轻奢是一种全新的生活态度，意味着低调、舒适却无伤质感与精致，追求奢侈华美的风格却不会无度消费。由于年轻消费者的文化教育程度的提高，他们对奢侈品的品位和审美变成享受优雅和注重高品质的生活。奢侈品不再是为了挥霍和炫耀而购买，而是对平凡生活的调剂。

轻奢风格箱包的定义不是“挥霍性的非必需品的昂贵”，而是“适度的理性的有品质的”的消费，主要动机是身份象征、社交等，以及对于品质和性价比的追求。轻奢风格的箱包品牌大概分为 3 大类，一是大品牌针对年轻消费者而设立的价格更低的品牌，例如 PRADA（普拉达）的副线品牌 MIUMIU（缪缪）；二是独立设计师品牌，例如 Alexander Wang（亚历山大·王）；三是自身就定义为轻奢品牌，例如 Michael Kors（迈克·柯劳斯）。

MIUMIU 包一直以大胆创新以及富有个人主义的风格为时尚界带来全新的时尚风格，给人高贵优雅、甜美的感觉，如图 4－26 所示。MIUMIU 的古灵精怪和叛逆个性估计很难让人想到 PRADA 的成熟优雅，两个品牌可以说是两个极端。但其实，这两个品牌同属于 PRADA 集团，是同一理念的不同表达方式。与 PRADA 相比，MIUMIU 的知名度在国内并不高，它创立于 1993 年，与其设计理念一样年轻。率性且充满实验风格，MIUMIU 的褶皱包可以说是 MIUMIU 设计理念的最佳表现形式，如图 4－27 所示。柔软的牛皮经过巧妙的手法衍生出一道道立体的褶皱纹理，充满着叛逆的气息，缤纷色彩的点缀让它的美是那么缥缈，似乎不紧紧抓住它，就会消失得无影无踪。

Alexander Wang 是纽约当红的华裔设计师,他的设计堪称叫好又叫座,不仅多次获得 CFDA 等颁发的时装界大奖,时装销售也是节节攀升。从 Alexander Wang 的箱包设计中能感觉到其对奢华生活的不屑,以及对自身所好的偏执。女性箱包简约的性感与男性箱包不羁的个性,Alexander Wang 将两种风格表现得淋漓尽致。Alexander Wang 能展现出设计师的独有设计才能,抓住新流行点,并以自己的方式诠释表达出来,如图 4-27 所示。

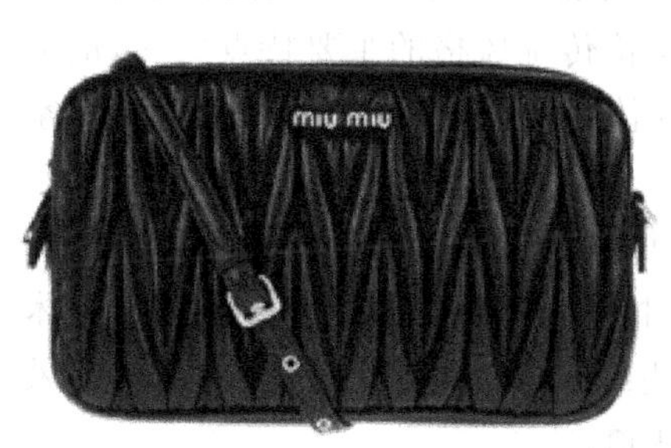

图 4-26 MIUMIU 包

图 4-27 Alexander Wang 包

随着白领阶层的消费价值观的逐渐成熟,越来越多的白领阶层更倾向于自我满足、自我享受、自我表现,更关注自我需求的消费观。MIUMIU、Alexander Wang 等轻奢主义的箱包品牌便迎合了都市白领阶层这样一种更注重内涵和品质的消费价值观。

十四、个性包

所谓"个性包"就是不由生产厂家批量生产,它是具有自己个性、展现自身特点的个人定制化包。它有雕刻、镂空、压花、贴皮、贴花、挂饰、镶嵌、彩印,全方位、立体化的设计。精细的手工工艺,辅以先进的技术设备,缔造源自内心的独特个性,轻松创造自己的与众不同,如图 4-28 所示。

(a) 个性包1

(b) 个性包2

图 4-28 个性包

十五、英伦风格包

英伦风格，从字面上理解就是“英国的风格”，是18世纪早期(1702—1714)安妮女皇(Anne Stuart)时代兴起的，它从皇室中出现，因此有皇家的贵族气质与绅士风度。传统的英伦风服饰高贵优雅、经典古朴、简洁自然，并拥有精致的剪裁、考究的做工。英伦风作为英国文化的一种象征，在受到多种外来因索影响的同时，也影响了国际时装设计面貌，从而形成一种设计风格。

传统的英伦风尚主要以典雅、高贵、庄重为主，对轮廓造型、结构线的位置、裁剪的准确度要求极高，一般采用对称设计。格子是英伦传统风格的主要特点之一，最常见的是苏格兰格纹和千鸟格纹。英伦风格不仅仅体现在箱包领域，还涉及服装、家具、汽车、音乐等领域。

英伦风运用在现代箱包设计中的手法更趋多样化：

在款式上，采用非对称设计，更加注重摩登与怀旧感，通过剪裁来增加随意与休闲感，复古与中性在款式中表现得尤为突出。这些细节的处理都演绎了今天英伦风的一个特点，在复古的同时也增加了一丝街头的味道。

在色彩上，不再拘泥于米白灰，而是采用一系列发出甜美浪漫气息的年轻色彩，还大胆地使用高饱和色，甚至是跳色，充满视觉冲击力的色彩无处不在。再通过色彩之间的高调混搭，如翠绿与深紫、橙黄与深蓝、松石蓝与深红的撞色，挑战着我们的视觉极限。

在面料上，除了选用一些新颖的高科技面料以外，还采用硬真丝、棉、天鹅绒、灯芯绒、粗花尼、编织以及透明材质的面料，并通过不同颜色、不同材质的拼接，皮草毛料的搭配鲜艳而醒目的印花、镂空，来增加青春的气息。

在图案上，更是充满着前卫与时尚的气息，梭织棋子格图案、黑白条纹都是打造经典英伦风的元素，彩色条纹在箱包上的运用打破了经典英伦风的庄重，活泼的韵味印花更是设计师们擅长运用的图案，设计师尤其注重从大自然中获取灵感。

图4-29　英伦风格包

英伦风箱包除了经典的苏格兰格子包以外，材质变得更加丰富，譬如带有超大流苏的黑白组合半圆形手抓包，带有长绑带的手抓包，面料为螺纹绗缝的手抓包等，通过面料的再造并作为装饰，来增加箱包的现代感和时尚感。英伦风箱包通常都是简洁气质款，擅长用苏格兰格纹。大方的格子与大气的剪裁做基础，材质上多采用皮革或帆布材质，并搭配钉扣、金属环做装饰。英伦风格的代表箱包有：邮差包、格纹包、复古包等。如图4-29所示为一款英伦风格包。

第5章

箱包产品设计标准

5.1 箱包产品分类

箱包产品分类如表5-1所列。

表5-1 箱包产品分类

箱包产品分类	细化内容
智能箱包系列	GPS跟踪、电子设备充电、蓝牙或WiFi连接、远程或应用程序辅助控件、电子锁和秤
文创箱包系列	礼品包、古风包、非遗文创包、国潮包
书包系列	双肩背包、手提袋、斜挎包
功能箱包系列	运动包、旅行箱、洗漱包、化妆包、电脑包

5.2 箱包标准信息汇总表

2011年1月21日以来，工业和信息化部公布的与箱包行业相关的标准有22项，如表5-2～表5-4所列。

表5-2 箱包行业标准信息汇总表

序号	箱包行业标准	标准编号	代替标准	实施日期
1	箱包配件塑料插扣耐用性能试验方法	QB/T 5247—2018		2018-09-01
2	旅行箱包	QB/T 2155—2018	QB/T 2155—2010	2018-09-01
3	箱包行走试验方法	QB/T 2920—2018	QB/T 2920—2007	2018-09-01
4	箱包拉杆耐疲劳试验方法	QB/T 2919—2018	QB/T 2919—2007	2018-09-01
5	箱包振荡冲击试验方法	QB/T 2922—2018	QB/T 2922—2007	2018-09-01
6	化纤长丝箱包用织物	FZ/T 43041—2017		2017-10-01

续表 5-2

序　号	箱包行业标准	标准编号	代替标准	实施日期
7	箱包用皮革	QB/T 5087—2017		2017-10-01
8	箱包五金配件磁力扣	QB/T 5085—2017		2017-10-01
9	箱包容积率的测定	QB/T 5083—2017		2017-10-01
10	箱包扣件试验方法	QB/T 5084—2017		2017-10-01
11	箱包制造企业职业病危害防治技术规范	AQ/T 4253—2015		2015-09-10
12	箱包皮具交易市场建设和经营管理规范	SB/T 11128—2015		2015-09-01
13	箱包五金配件拉杆	QB/T 1586.5—2010		2011-04-01
14	箱包五金配件箱走轮	QB/T 1586.2—2010	QB/T 1586.2—1992	2011-04-01
15	箱包五金配件箱用铝合金型材	QB/T 1586.4—2010	QB/T 1586.4—1992	2011-04-01
16	箱包滚筒试验方法	QB/T 4116—2010		2011-04-01
17	箱包五金配件箱提把	QB/T 1586.3—2010	QB/T 1586.3—1992	2011-04-01
18	箱包五金配件箱锁	QB/T 1586.1—2010	QB/T 1586.1—1992	2011-04-01
19	箱包手袋用聚氨酯合成革	QB/T 4120—2010		2011-04-01
20	环境标志产品技术要求箱包	HJ 569—2010		2010-07-01
21	箱包跌落试验方法	QB/T 2921—2007		2008-06-01
22	箱包落锤冲击试验方法	QB/T 2918—2007		2008-06-01

表 5-3　箱包国家标准信息汇总表

序　号	箱包国家标准	标准编号	代替标准	实施日期
1	鞋和箱包用胶粘剂	GB 19340—2014	GB 19340—2003	2015-05-01

表 5-4　广东省地方箱包标准信息汇总表

序　号	箱包国家标准	标准编号	实施日期	主管部门
1	拉链与箱包材料缝合强力的测定方法	DB44/T 1853—2016	2016-08-17	广东省质量技术监督局
2	企业鞋类、箱包类商品服务技术规范	DB44/T 296—2006	2006-07-01	广东省质量技术监督局

5.3 箱包专业术语

一、箱包内容与适用范围

箱包的标准规定了箱包主要部位和部件、工艺设计、原辅材料、工序操作、质量缺陷等术语。

箱包的标准适用于模压、真空成型、缝制、粘缝结合等工艺，采用天然革、人造革、合成革、化纤布、帆布和其他合成材料制成的箱包。凡技术交流、质量评比、评选、各类标准的制定、技术文件、报告、教材等所涉及的箱包术语均可采用本标准。箱包的标准不适用于工业皮件产品。

二、箱包主要部位和部件专业术语

（一）确定原则

（1）根据产品结构的自然形态、部位。

（2）根据产品的部件在产品上的位置。

（3）根据产品的部件在产品上所起的作用。

（4）根据产品所使用材料的性质。

（二）箱包主要部位和部件专业术语（表 5－5）

表 5－5　箱包主要部位和部件的专业术语

序　号	专业术语	解　释
1	箱体	箱子成型后的主体部分
2	箱面	箱子的面层
3	箱帮	前帮、后帮、侧帮各部所有的部件(或称箱墙)
4	箱壳	各类箱子的内胎
5	箱盖	盖帮和大面结合好的在箱子上起作用的部件
6	箱底	底帮和大面结合好的主要起装纳衣物作用的部件
7	箱里	箱子里面粘贴的内衬部件
8	线迹	箱、包上缝纫线的轨迹
9	走轮	箱、包上起滚动作用的各种轮子
10	箱口	指箱底、箱盖开口中间装配的铝口、铁口、木口
11	箱把	箱子上专为手提的部件
12	拉带	开启后，起拉住箱盖作用的带子

续表 5－5

序　号	箱包专业术语	解　释
13	前面	软箱、软包前部所有的部件
14	后面	软箱、软包后部所有的部件
15	墙子	软包起围子作用、连接前面、后面的部件
16	外兜	软箱、软包外面帮把、扣兜的总称
17	牙子	缝纫于帮墙与大面之间突出的配件，能使箱、包挺实（或称嵌线）
18	里兜	箱、包产品内部各种各样式小兜的总称
19	背带	箱、包上起肩背作用的带子
20	拢带	子内部安装的起拢住衣物作用的带子
21	提把	箱、包上专为手提的部件的通称
22	架子口	包类产品开口处镶嵌的金属口
23	牵引带	箱类产品上牵引专用的带子
24	塑料筋	箱子上起紧固、装饰作用的塑料绷条

三、原辅材料专业术语

（一）确定原则

（1）主要原料皮革按 SG2《制革工业术语》执行。

（2）面层材料标明底基材料和涂覆材料。

（二）原辅材料的专业术语（表 5－6）

表 5－6　箱包原辅材料的专业术语

序　号	专业术语	解　释
1	人造革	采用经纬交织的棉纺品做底基并有塑料涂层的革类
2	合成革	采用无纺布做底基并有树脂的革类
3	尼龙绸革	采用聚乙烯塑料涂层并以棉帆布做面料的革料
4	格布烯烃革	采用烯烃塑料做涂层并以格布棉织品做面料的革类
5	帆布制胶革	采用聚乙烯塑料涂层以棉帆布做面料的革料
6	椴木胶合板	椴木制成的胶合板，木材优良，纹理细致
7	硬杂木胶合板	柳、枫、沙榆木制成的胶合板，木质较脆，纹理不均
8	塑料板材	各种牌号工程塑料的挤出板
9	黄纸板	稻草浆制作的纸板，刚性较好
10	白纸板	废纸和旧布打浆制作的纸板，刚性不强

续表 5 - 6

序　号	专业术语	解　释
11	提箱纸板	木浆制作的纸板，刚性强，物性优良，包括钢纸板
12	竹编片材	竹子茎条经编织制成的薄席片材，具有延展性，韧性好
13	美丽绸	经纬线采用人造丝编织，织物紧密，绸面光滑，厚实
14	泡沫片材	做箱里、软包面衬的聚氨酯泡沫片
15	无纺布片材	做里衬的胶粘低档棉片材，有较弱的弹性
16	三角木	1 个 90°角、2 个 45°角的三角形木条
17	铝口	在箱类产品上起骨架作用的铝框架箱口
18	铁口	在箱类产品上起骨架作用的铁框架箱口
19	木口	在箱盖上起骨架作用的方木框架箱口。箱口形状有四筋口、双筋口、六筋口、马槽口、单筋口
20	钢板口	在箱帮上起加强硬度作用的钢板条
21	铁衬架	在包袋上架起以增加硬度作用的普通铁条
22	塑料皮	没有底基、具有暗纹的薄塑料片材
23	吊锁	锁头与锁底采用悬挂方式配合的箱锁
24	蟹壳锁	外观呈“蟹壳”形状的箱锁
25	对锁	锁头与锁底横对安装的箱锁
26	插锁	锁头与锁底配合采用插、取方式的锁
27	搬锁	开启方式采用手搬的箱锁
28	密码锁	开启方式必须用密码开关的高档箱锁（主要品种有密码对锁、长条密码锁）
29	克码	起搬闸作用的金属配件
30	合页	箱盖与箱底间起铰合、转动开启作用的金属配件（或称铰链）
31	箱支架	箱子开启后，起支承作用的金属架（多数公文箱安装）
32	盖板	装在箱子正面，起压条装饰作用的“镀铬”形长条配件
33	长条锁	外观呈长条形的箱锁
34	轮托	箱包走轮的固定依托
35	把托	箱把的固定依托
36	把掌	安装在箱把下方、提把两头的部件（或称琵琶头）
37	钩、环	有金属、天然革、人造革等材料 在箱、包帮墙、带头处安装的各种各样的钩、环，有金属、塑料等材料
38	把珠	固定箱把的小圆柱形金属配件
39	四件扣	起扣子作用的配件

续表 5-6

序 号	专业术语	解 释
40	子母钉	起固定作用的配件
41	锁钉	用于铆锁等部件的专用金属铁钉
42	装饰扣	起装饰作用的金属扣
43	三道链	调节箱包带子长短、具有两方孔的配件
44	包角	安装在箱、包角处起保护作用的各种包角
45	拢带扣	拢带配合时,起搭扣作用的配件
46	钎子	固定带子长短并有针钎的金属件
47	泡钉	在箱、包底部,起站立支承作用的配件,有金属、塑料等多种材料
48	氯丁橡胶黏合剂	以氯丁橡胶为主要成分的黏合剂
49	聚醋酸乙烯乳液胶	化学乳液胶,主要用于粘木质材料(白乳胶)
50	丙烯酸胶黏剂	以丙烯酸为主要成分的黏合剂,多用于粘皮革、人造革
51	酚醛树脂	以苯和甲醛为主要成分的化学热固性黏合剂
52	面浆	以麦类为主要成分的黏合浆,粘帮墙、内衬等
53	环乙酮黏合助剂	塑料与 PVC 间黏合溶剂

四、主要加工操作专业术语

(一) 确定原则

(1) 根据加工方法。

(2) 根据操作方法。

(3) 根据加工的部件。

(4) 根据使用材料。

(二) 主要加工操作专业术语(表 5-7)

表 5-7 加工专业术语

序 号	加工专业术语	解 释
1	画料	按下料的标准、样板、规格、尺寸,在原材料上画出下料线
2	机载原料	机器裁切纸板、纸张、人造革、天然革等的各种部件
3	机切原料	机器裁切纸板、纸张、人造革、天然革等的各种部件
4	机锯下料	机器锯胶合板、角木等的各种部件
5	机片边	机器片削胶合板、纸板帮墙接茬处及皮革边缘
6	箱口画线	在各种箱口画出尺寸线

续表 5－7

序　号	加工专业术语	解　释
7	箱口成型	在各种箱口、弯角轧弧
8	铁口焊接	在铁口接缝处，用对焊焊接
9	铝口氧化	对铝镁合金箱口进行氧化、抛光化学处理过程
10	里衬点规矩点	点画出各种机器缝纫的轨迹线和规矩点
11	里衬缝纫	各种箱里的组合缝纫
12	高频压花	采用高频加热工艺，在革上压制出各种花纹图案
13	高频热合	采用高频加热方式，在革上印烫出印道
14	喷涂	在片材表面喷涂上颜色和光亮剂
15	刷水	在胶板、纸板片材四周、变角入刷一定温度、一定浓度的肥皂水
16	擦滑石粉	在纸板片材四周擦抹上均匀的滑石粉
17	压壳	用压力机压出成型箱壳
18	窝帮	窝帮条成型并胶粘好帮墙圈接口
19	木壳热定型	采用机器热压胶合板、上盖口、下底与角木黏合定型
20	木壳冷粘成型	胶合板底、盖部件与帮圈冷粘、钉壳成型
21	刨楞圆	将木壳的三角形边刨出具有一定半径的弧边
22	磨光	把箱壳用砂纸打磨光滑
23	钉子口	沿箱底口钉上一块高于底壳上边的木条、纸条等。小型箱子扣盖后，盖底面平服一致
24	真空成型	塑料板材经加热、吹气、吸真空、冷却成型出壳
25	粘裱箱面	在箱壳、箱帮上粘裱革类等片材
26	缝纫塑料筋	在底盖与帮的接茬处缝纫上塑料筋
27	缝纫侧帮	在方角衣箱的大面两侧缝纫上侧帮
28	窝成型	采用手工操作将平服箱面窝成具有立体形的箱底、箱盖部件
29	缝立柱	将前后帮与侧帮缝纫
30	缝钎子	钎子带上缝纫上金属钎子
31	装铁口	把铁口整齐装在箱底口边上，用帮边革包牢
32	装木口	用大圆帽长钉将木口与箱盖牢固地钉在一起
33	装铝口	采用铆合、挤压、捣碎加工方法，使铝口与箱壳牢固地结合在一起
34	开锁槽	在箱面安装对锁的位置上，用刀具冲出锁底大小的槽孔
35	冲轮底孔	在箱后帮、侧帮上用刀具冲出卧轮底大小的孔
36	铆箱锁	按工艺规定的位置，打钉孔安装箱锁配件，铆合锁钉

续表 5-7

序　号	加工专业术语	解　释
37	铆克码	在箱帮、侧帮打钉孔,安装配件,铆合锁钉
38	铆合页	在箱后帮规定位置打孔,安装合页,铆合锁钉
39	装把托	在箱前帮中心处铆合安装把托(把托分单、双两种)
40	装箱把	打好把珠孔,把珠固定箱把后,拧紧固定螺丝
41	固定盖板	用专用固定螺丝将盖板固定在前帮铝口上
42	安装长条密码锁	在盖板中心处露出密码转轮,用螺丝安装牢固
43	铆箱支架	在箱子两侧帮内铆合支承箱盖的金属支架
44	铆走轮	在箱包底部,直接打好钉孔铆好走轮
45	安泡钉	在箱、包的底部、后帮、四角处中部扎眼,安装泡钉平服(泡钉有金属和塑料两种材料)
46	安装饰件	在箱包上安装铆合起装饰作用的配件
47	安装商标	在箱包上安装表示商品的专用标记物
48	粘箱里	在衣箱内部,粘贴衬里,擀平压实
49	黏合页布	在箱内底、盖后帮上黏合页盖布,擀平压实
50	整理	对箱包进行全面的整理、修饰
51	烘干	衣箱组装完毕,在高温条件下,进行一段时间的风干
52	钢丝成型	将做牙子用的钢丝,弯有一定半径的四个圆角,对焊成长方形钢丝圈
53	钢丝套管	将弯好的钢丝牙子两个接头,用专用铁套管套好形成牙子圈
54	钢板口起凸	将平直钢带,压出具有一定半径的筋凸钢带
55	钢板口成型	用起好凸的钢带,弯两角、肆角成型
56	缝牙子	用牙子条包好牙子芯,缝纫成牙子,缝纫在大面的四边边沿上
57	缝纫拉链	将拉链缝纫在拉链条上
58	缉提把	将把的片料缝纫成提把部件
59	铆提把	将提把头插入大面把掌豁口,铆合上子母钉
60	缉背带	将背带的片材缝制成背带
61	上扣兜	小兜扣伏在包面上,经缝合成一体
62	缉钩、环拌	将穿好钩、环的各种小拌,平服缝纫在墙子接茬处
63	接帮墙	将拉链条与底墙子接茬缝合在一起,形成墙子部件
64	合活	将大面与帮、墙缝合在一起,形成产品主体部分
65	内包边	在大面与帮、墙缝合的边缘处,用各种各样的材料包缝起来
66	翻活	把软箱、包袋面翻过来

续表 5-7

序　号	加工专业术语	解　释
67	装底	将纸板硬底(硬底也有其他材料)安装在包的底部,用钉铆合平
68	撑帮	将板材帮圈(帮圈材料有金属、木质等)撑在软箱体内,用铆钉铆合
69	铆铁把掌	在面上扎眼,将铁把掌从上插入到面下的铁衬架孔内,盘倒铆平
70	铆插锁	在上安好锁底,在锁带上铆合插锁头
71	上架子口	用挤粘加工方法,将架子口牢固地镶嵌在女式包开口处
72	绲边	在片料或部件边上,用条革反面压齐缝上机线,然后将条革翻转过来,包住边沿,再次缝合机线
73	包边	两面料重合,将其中一面高出的边革折下来包住另一面的边沿部分,用机线缝纫
74	粘边	两面料重合,将其中一面高出的边革涂刷上胶粘剂,折下来粘住另一面料的边沿(粘边粘好后,一般要用弹力夹子夹一段时间)
75	丝漏印刷	在片材上,用丝网漏版印刷的方法,印刷图案、文字、商标的一种工艺过程

五、箱包产品组成

(一)确定原则

箱包材料的主要种类、工艺特征、结构形式。

(二)组成格式

(1)箱包材料的种类。

(2)工艺特征和结构形式。

(3)使用对象和成品类别。

(三)术语举例

(1)尼龙绸革钢板口旅行软箱。

(2)人造革硬壳背提包。

(3)羊皮架子口手挽女式包。

六、产品质量缺陷专业术语

(一)质量缺陷分类

(1)外观质量缺陷。

(2)理化性能缺陷。

(二)产品质量缺陷专业术语(表5-8和表5-9)

表5-8　产品质量缺陷专业术语

序　号	产品质量缺陷专业术语	解　释
1	造型差	造型观感差,造型不合理
2	结构不合理	产品结构上有明显的不足之处,材料选用不当,配件牢固问题突出
3	长度超差	长度尺寸超出公差范围
4	超重	产品自重超过标准规定指标
5	歪斜	产品主体部分不方正,有高低不平现象
6	起泡	箱面与箱壳之间没有粘贴平服牢固,纸板、箱壳本身未裱牢而起层,从外表看形成一个鼓起的气泡
7	箱角皱褶	在箱角处,面料拉伸不好、粘的不平服形成的皱褶及箱壳本身模压不好起的皱褶
8	面料划伤	操作不当,划伤面料有较明显的痕迹
9	掉口	箱铝口装配不牢固,与箱壳脱开
10	五金件砸伤	操作不当,在配件上有工具砸的印痕
11	箱口合缝间隙大	箱口合缝超过标准规定的间隙公差
12	衬里翘边	里子粘贴不平服,有翘边的现象
13	透胶	里子刷胶过多或胶过稀,透过里子有明显的浆痕
14	配件不对称	相同的配件安装在一件产品上,与中心位置距离超过对称公差范围
15	配件松动	配件铆合、安装不牢固、不实
16	箱锁失灵	锁芯转动不灵活,甚至打不开,锁不上。密码锁出现跳号、脱钩现象
17	铝口花	电镀不好,有明显氧化斑花
18	掉泡钉	安装不牢,在正常使用情况下,泡钉从箱包上掉下来
19	掉轮	安装不牢,正常使用时,在允许承受的外力情况下,走轮从箱包上脱落下来
20	掉把	安装不牢固,在允许承受的负重情况下,箱把从箱体上掉下来
21	衣箱变形	在规定的受外力范围内,箱体有明显的变形
22	衣箱塌陷	产品在规定的允许承受的外力范围内,箱体有明显塌陷
23	走轮损坏	在规定的允许负重行程中,走轮损坏失灵
24	开裂	箱体在规定受力范围内,箱壳与箱帮开裂
25	面松	大面与帮墙配合不好,大面明显不平服,没绷紧
26	疙瘩	面料上有大于3 mm的凹凸疙瘩
27	印道	面料折叠放置压出的死折痕迹及人造革工艺过程所带的印迹

续表 5-8

序　号	产品质量缺陷专业术语	解　释
28	帮面不平	接帮处没有接齐,有较明显接帮痕迹
29	帮墙面纵	帮墙周长大于大面周长过多,合活后帮墙起皱褶,形状似荷叶边
30	翻面线	上下线不合,在上线或底线上出现未缉紧的线套
31	翻底线	上线过紧,使底线从针眼孔上中翻出
32	露针眼	面料重新缝合线迹时没有重上所有的旧针眼,露出原针眼
33	线迹不直	线迹有明显的偏斜
34	针距过大	在单位距离内,针数少于规定的数量
35	针距过小	在单位距离内,针数多于规定的数量
36	露牙子线	合活时,缝纫线合得过浅,露出上牙子的线迹
37	露线头	箱包外面不洁净,有残线头
38	掉牙	拉链缺少链牙
39	锁耐用性差	锁的开关次数达不到标准规定的次数即损坏
40	耐腐蚀性差	在规定的盐雾试验中大面积生锈
41	缝合强度差	片材缝合后,在单位长度内结合强度达不到一般标准规定的指标,容易破断
42	软箱帮变形	软箱在规定负重范围内,箱帮有较明显的变形
43	背带钩环变形	箱、包上的钩环,在允许负重范围内,产生严重变形,不能恢复原状,影响使用性能
44	拉链涩	拉链拉合不滑顺,超过轻滑度的指标
45	拉链平拉强度差	拉链拉合后,未达到规定平拉拉力而拉链就开口了
46	五金件划伤	五金件在箱、包组装及本身生产装配过程中,造成明显机械划伤痕迹
47	五金件烧焦	配件电镀层在局部有电流烧成的乌点、乌斑,没有通常的电镀光亮、色泽
48	五金件针孔	五金件电镀后,外观有针孔状的小坑
49	镀层起泡	五金件电镀层之间、镀层与底层之间起的空气小泡
50	五金件起皮	五金件产品电镀层之间,镀层与底层之间未镀牢,其中有翘起的镀层小片
51	漏镀	五金件表面局部没镀上某种电镀层
52	五金件色花	五金件电镀层色泽不一致,出现翻色现象。在片材上,将有图案、文字、商标的电化铝膜烫印在片材上的工艺过程

表 5-9　理化检验项目专业术语

序　号	理化检验项目专业术语	解　释
1	箱把负重	在标准规定负重范围之内,在单位时间里,箱把不松动、不断裂的最大负重量
2	耐静压力	在标准单位时间里,箱子大面上承受标准规定静压,箱体不变形的负重量
3	耐冲击	在标准规定负重范围及高度之内,产品做自由落体试验,产品未出现变形、开裂、塌陷及锁失灵现象
4	走轮耐磨耐震	在标准规定负重、速度条件下,产品在平整路面上行走规定的里程,走轮不从箱体上脱落,不坏
5	锁耐用度	锁连续开关使用的次数达到标准规定的开关次数,为锁耐用度合格
6	铝口硬度	用布氏硬度计测量铝口三点处硬度,加权平均的数值
7	电镀结合强度	五金配件,塑料配件的金属电镀层与基体金属和基体塑料之间的结合力(常用有锉刀法、加热法)
8	耐腐蚀性	配件做腐蚀试验,镀层对基体的防护能力及镀层本身的抗蚀能力,一般用配件表面出现锈道面积与总面积之比的百分数表示(常用中性试验法)
9	干燥度	箱、包主要部位含水量的百分数。用专用干燥测试仪来计量
10	箱帮强度	箱帮在规定范围内,不严重变形、不断的负重量
11	缝合强度	在单位长度内,面料与面料缝合承受的最大拉力
12	背带负重	背带及带头配件所能承受的重量
13	拉链轻滑度	拉链在拉开、拉合时,作用拉攀(拉头)上的最大拉力值(常用拉力仪)
14	拉链平拉强度	取成品 100 mm 拉链一段,用 25 mm 宽夹具对齐平拉拉链两侧布基,试至脱牙或纱带损坏为止,所用最大拉力值(常用皮革拉力机)

5.4　淘宝网箱包行业标准

为了规范淘宝网箱包行业的市场管理,维护淘宝网箱包行业的日常运营秩序,提高会员对箱包类商品的购物体验,淘宝网于 2016 年 12 月 26 日新增《淘宝网箱包行业标准》。新增的《淘宝网箱包行业标准》适用于淘宝网箱包行业卖家,类目范围为一级类目“箱包皮具/热销女包/男包”。新标准生效之日起,《关于淘宝网箱包行业优化商品发布要求的公告》同步失效。

新标准主要包括淘宝网箱包行业卖家发布箱包类商品的发布要求、行为规范及争议处理、违规处理等多项内容。其中,卖家关注的“商品发布”条款变化最大,相比以前详细不少,对卖家进行商品发布的标题、图片、SKU、详情描述等内容都做出了规定。同时，箱包行业卖家须遵守《淘宝规则》《淘宝禁售商品管理规范》《淘宝网商品材质标准》中关于商品及信息发布的相关规定。

附件：《淘宝网箱包行业标准》

第一章 概 述

第一条【目的及依据】

为了更好地规范淘宝网箱包行业的市场管理，维护淘宝网箱包行业的日常运营秩序，提高会员对箱包类商品的购物体验，根据《淘宝规则》等相关规定，制定本标准。

第二条【适用范围】

本行业标准适用于淘宝网箱包行业卖家。

第三条【类目范围】

一级类目“箱包皮具/热销女包/男包”。

第四条【效力级别】

本行业标准是对《淘宝规则》的有效补充。淘宝网卖家在箱包行业下发布商品及信息均须同时遵守《淘宝规则》《淘宝禁售商品管理规范》等相关规则及本行业标准的规定。本标准有特殊规定的，按照本标准执行，未有规定的，依据《淘宝规则》《淘宝禁售商品管理规范》等相关规则执行。

第二章 商品发布

第五条【商品发布】

箱包行业卖家须遵守《淘宝规则》《淘宝禁售商品管理规范》《淘宝网商品材质标准》中关于商品及信息发布的相关规定。

(一) 在发布商品时，须如实描述，不得对商品进行与实际情况不相符的宣传。

(二) 在发布商品时，须正确选择商品类型，二手商品不得选择全新商品类型，全新商品不得选择二手商品类型。

(三) 对同一件商品的描述信息，包含但不限于商品资质信息、店铺基础信息(如店铺信誉等)、官方资质信息(如金牌卖家、极有家等)、标题、主图、属性、详情等位置的信息，应保证商品各要素间的一致性；同时也需要保障发布的商品信息与实际商品相符。

(四) 商品品牌信息应在标题、属性区域和图片描述三方保持一致，若任意一方显示为 A 品牌，则另两方中不得出现除 A 以外任何品牌名称信息；若属性区域品牌属性为 Other/其他，则标题、图片描述中不得出现任何品牌名称。

(五) 商品发布到线上后，不得通过编辑商品类目、品牌、型号等关键属性使其成为另一款商品。

1. 将商品 A 修改成为完全不同品类的商品 B。

2. 将商品 A 修改成为完全不同品牌的商品 B。

(六) 商品材质描述需遵守《淘宝网商品材质标准》中关于商品及信息发布的相关规定,如实描述商品材质信息。

1. 商品需如实描述商品材质信息,并确保商品页面各要素之间材质描述的一致性。

2. 箱包商品的材质描述需符合国家相关标准,例如背提包中面层材料 90%以上使用头层皮革(头层移膜皮革除外)才能标注为“真皮”。

3. 不得出现“仿牛皮”“不是真皮”等不规范材质描述。

除上述要求外,箱包行业卖家还须遵循以下发布要求。

第六条【商品标题】

(一) 商品标题中需具体写出商品材质信息,且商品标题出现的材质信息,应与属性区域的“质地”属性值保持一致。

(二) 商品标题中出现的属性信息应与属性区域保持一致,不得出现品牌、材质等堆砌展示的情形。

(三) 商品标题的材质描述不得出现“非真皮、不是真皮”等不规范描述。

第七条【商品图片】

(一) 商品图片须为实物拍摄图,包含对应品牌官网图、杂志图等。以下情况不算实物图:其他品牌物品图片,主图中只有文字信息等。

(二) 商品图片不得进行与商品信息无关的描述,比如出现外部网站的联系账号、二维码等广告信息或出现虚假宣传信息等情形。

第八条【商品 SKU】

SKU 定义:

SKU 即 Stock Keeping Unit(库存量单位),是指宝贝的销售属性集合,供买家在下单时点选,如“规格”“颜色分类”“尺码”等。部分 SKU 的属性值可以由卖家自定义编辑,部分不可编辑。

发布的宝贝须遵循销售属性的本质内容,在合理的范围内对 SKU 自定义编辑。SKU 的最低价和最高价的价格差不可过大,否则有恶意引流的嫌疑。

SKU 发布有以下两点需要注意:

(一) 不得出现“产品标题为 A 产品,编辑内容为 B 产品”的情形。

(二) 商品描述中不得进行与商品信息无关的描述,例如出现外部网站的联系账号、二维码等广告信息。

第三章　行为规范及争议处理

第九条【如实描述】

箱包行业卖家应遵守《淘宝规则》关于如实描述的相关规定,并对其所售商品质量承担保证责任。若买家收到的货物与卖家的描述不相符,视为描述不符。

第十条【交易承诺】

卖家应遵守《淘宝规则》关于违背承诺的相关规定，承担相应的售后保障责任。卖家若未按照约定向买家提供承诺的服务，视为违背承诺。

第十一条【争议处理】

如交易双方有争议，按照《淘宝争议处理规范》规则执行。

第十二条【品质抽检及违法行为处理】

淘宝网将依据《淘宝网商品品质抽检规则》，对箱包行业卖家商品进行定期或不定期抽检。箱包商品抽检标准详见《淘宝网抽检标准(箱包)》。

第四章 违规处理

第十三条【违规处理】

卖家违反本标准相关规定，淘宝网将依照《淘宝规则》《淘宝禁售商品管理规范》《滥发信息的认定和处罚的规则与实施细则》《淘宝网商品品质抽检规则》《淘宝网商品材质标准》及其他相关规则对其进行处理。

第五章 附 则

第十四条

本行业标准于 2016 年 12 月 30 日首次生效。

第十五条

淘宝网卖家在箱包行业下发布商品或信息的行为，发生在本行业标准生效之日或修订之日以前的，适用当时的规则。发生在本行业标准生效之日或修订之日以后的，适用本行业标准。

第6章

基于用户需求的箱包产品设计原则与方法

6.1 用户体验设计要素

用户体验设计是以用户为中心、以用户需求为目标的设计。在设计的过程中注重用户需求,用户体验从产品开发之始就已经进入整个设计的流程,并贯穿始终。用户体验设计是以用户能够接受或期待的方式来和他们进行互动,进而设计出符合用户真正需求的产品。此时产品的好坏与用户的心理感受密切相关,产品的好坏很大程度上是用户主观性来决定的。

用户体验设计在产品中主要体现在四个方面:产品功能、产品外观、产品交互和产品附加值。

(1) 产品功能。设计产品的功能时,设计师要对用户进行深度调研,掌握他们的需求取向。以用户的感受和需求来设计产品的核心功能,产品才会变成用户的附属品,才会得到更多的用户群。用户在购买产品时最先考虑的是产品的核心功能。例如:手机刚出现的时候,大家用得最多的功能就是联系他人,后来在联系功能的基础上,又增加了短信、计时、计算器、闹钟等功能,这样的状态一直持续了很久,手机的功能仅有很小的调整,没有再出现较有影响力的手机功能。直到苹果手机的问世,改变了手机的功能格局,开启了用户的触屏时代。苹果手机深度挖掘用户的潜在需求,把这些表现在手机上,就是增加了一系列核心功能。其中最有代表性的就是触屏、视频、上网等重要功能,这些无一例外都是以用户体验主导而产生的功能。手机根据用户需求和变化,功能越来越齐全,更加符合现代用户的口味。

(2) 产品外观。美好的事物总是吸引人的,人们有时看中一件产品,不仅因为它本身的基本功能,而且因为它的"颜值"。在产品的设计上,好看的、好闻的、好听的、触感舒服的都是人们五官层面的感受,都可以被考虑在用户体验层面的设计中,用户偏爱外形美观大方、时尚的产品。例如,香奈儿(Chanel)箱包无论是技术还是外形,都走在行业的前端,总是受到很多年轻人的追捧。

(3) 产品交互。随着技术的发展,用户比较重视产品的交互性。产品的交互需求一般情况下是指产品界面能够满足用户的诉求，包括色彩、布局、字体等。这些能给用户带来很好的感觉；另外，产品的交互还有更深层次的意思，不仅体现在界面上，还体现在用户接触产品后是否能快速反应出设计师设计产品的意图。交互性好的产品往往能带给用户更好的体验。

(4) 产品附加值。产品的附加值能提升产品的价值。随着社会的发展，现代社会的人们对于精神层面的追求大于生理层面的需求。

随着人们的思想、消费观念慢慢地改变，科学技术和互联网技术不断成熟，在产品设计中要抓住用户体验要素，以现代的技术辅助，进而提高产品的口碑。要想在激烈的市场竞争中脱颖而出，就需要增加产品的忠实用户群，抢占市场先机，在设计产品时以满足用户需求为原则，遵循用户体验的设计要素。

6.2 箱包产品设计与用户行为的关系分析

箱包产品设计并不是单纯的箱包设计，其根本是设计动态的用户行为。因此，箱包产品设计不能仅仅关注产品本身的构成因素，同时也要关注用户行为。采用以用户为中心的产品设计方法策略，融入用户行为的引导与分析，能够让用户在使用箱包时注重产品的使用方式，实现产品本身功能和用户行为有机统一。选取代表性箱包产品进行产品的生命周期分析，发现影响用户的行为要素，有意地设计用户使用行为方法，可以提高产品使用的价值。

随着产品设计更加的智能化、精细化，越来越多的现代科技嵌入到产品中，而以用户行为为导向的用户体验设计理念是可以持续引导用户使用新产品的。简单来说，以用户行为做导向的产品设计是将设计的重点从设计产品转移到设计用户行为。例如，设计通勤，而不是车；设计烹饪，而不是微波炉；设计休息的空间，而不是床；设计洗澡，而不是浴缸。这种方法的核心是首要考虑用户使用产品的习惯，当用户被合理地设计某种行为时，产品的系统性创新也就得到了优化和改进。因此可以假设，对于箱包的产品设计来说，是设计容纳，而不是包。

传统的产品设计过程倾向于产品和服务，而以用户行动为导向的产品设计明确了用户行为与产品设计之间存在相互关系。将用户的需求提炼出来，把体验的价值融入其中，并通过用户行为和产品间的相互影响，甚至可以通过产品设计改变用户的某种行为习惯，两者之间相互影响决定了产品的最终形态。从用户的行为中提炼用户需求，将设计产品变成系统解决问题的方案。深入研究用户与产品之间的行为过程，分析出具体的产品构成因素，最终成功引导用户的行为习惯。这个过程可以概括为从用户行为挖掘用户需求进行产品设计，这是从主观到客观再到主观的设计思维，既能解决复杂的社会问题，也能进行系统的产品设计。

6.3 箱包产品设计原则

一、绿色定制箱包的原则

一般来说,传统的箱包通常只经历设计、制作、销售等环节,用户购买箱包之后,除了必要的售后,就很少有人询问箱包最后的归宿。我国虽然有二手箱包寄卖门店,但是由于各种原因,箱包最后的结果是被丢弃或者束之高阁。很少有用户赋予箱包重生的机会。

目前箱包的定制大多属于顾客定制模式,可以满足数量上的需求,但是用户的精神追求却没人理会,更没有考虑过箱包废弃后的踪迹。实际上,被丢弃的箱包仍然有可利用的价值。

从表面看,旧的箱包产品达到使用年限后,就可以丢弃,但是实际则不然,许多箱包的内部支撑结构的零部件或者表面装饰的五金件改造翻新后,仍然可以继续使用。绿色定制箱包的原则就是在箱包的正常设计过程中,提前考虑到箱包零部件重置问题,让有些资源可以循环使用以避免资源的浪费。

对于箱包的绿色定制来说,首先要解决区别于传统的箱包定制,绿色定制箱包需要借助互联网建立平台实现。在这个平台中,引导消费者和设计师完成箱包的绿色定制的过程。其次,要明确绿色定制的核心环节,尽可能地节约资源、回收资源和处置资源。

(一) 节约资源

节约资源可以从材料工艺的选择上入手。在平台上发布材料、工艺的信息,分析箱包制作过程中所产生的物料耗损、设备耗损和资源消耗的各项费用和数据;对箱包产品制作流程中的每一道工艺进行评价,给出相应的评价数据和分析,得到能耗低、费用低的最合理的几种综合定制方案。消费者自主选择想要的方案,这样做的目的不仅能使过程公开透明化,还能够让消费者参与到定制的环节,增加其趣味性,提升用户的体验,达到节约资源的目的。

(二) 回收资源

回收资源可以从箱包本身入手,箱包主要的原材料是皮革、五金配件和其他辅助材料。回收资源前首先要给出消费者最合理的拆卸计划,这一点尤为重要,如果拆卸的手法不当或拆卸后更换的工艺不佳而造成箱包的外观或其他性能受损,则不仅会让消费者对此次的绿色定制箱包丧失信心,还会造成变相的资源浪费,这就丧失了绿色定制箱包的本意。所以要针对不同箱包的结构和部件拆卸特点、连接形式和难易程度提前做好准备,清晰地告知给设计师和消费者,引导其正确处置易于拆卸和回收的箱包主体和配件,便于后期回收资源。

(三) 处置资源

处置资源可以从废弃的箱包入手,这对设计师的考验极大,在废弃的箱包中,可能会有一些性能好的部件,仍然可以应用到新的箱包当中。这就要求设计师在设计过程当中,必须预先考虑回收的工艺和方法。通过各种不同的方案,得到每个部件在回收时应采取的方法和应用到新箱包的设计方案。在处置这些资源的时候,将会产生相应的费用和能耗,但环保化的处理方式是有效处置箱包闲置资源的有效手段。

绿色定制箱包弥补了传统定制在绿色环保方面的不足,可以使各种闲置资源得到最大化地利用,同时保护了环境。绿色定制箱包使得废旧箱包在最大程度上焕发光彩。

二、箱包功能性设计的原则

箱包在人们日常生活中有很多作用,比如以外出活动为目的随身携带物品,或为了搭配服装,或是追求时尚,箱包都是人们日常生活中不可或缺的重要产品。随着互联网的普及和应用,箱包同质化的现象越来越严重,各种快时尚的箱包产品虽然获得了短暂的成功,但是却有一个重要的问题,就是发展后劲不足。箱包产品的功能品种较为单一,总是处在不被重视的状态,缺乏箱包产品使用层面的功能性创新。箱包的功能性设计原则是在箱包原有功能的基础上,关注消费者的诉求;设计箱包的新功能,是让箱包产品有独特的内涵和价值的重要原则。

工业革命之后,生产力大幅度提高,人们的生活内容越来越丰富,外出旅行变得更加容易。人们外出游玩、探险、旅行、社交等活动,需要随身携带各式各样的物品,箱包被重视起来,不同的环境和目的造就了箱包不同的功能,手包、旅行包、公文包、运动包等不同功能性的箱包应运而生。对于现代箱包来说,箱包的功能性创新必须是一个需要被着重理解的核心设计要素。提供完美的功能是箱包本身的存在价值,有些箱包设计得过于浮夸,无法容纳东西,这是丧失功能性的表现。无论怎样,箱包是用来盛放物品的包,不是用来摆放的艺术品。当设计过度时,就会弱化箱包的功能性。消费者即使一时被漂亮的外观吸引,但很快就会恢复理智。因此箱包如果没有良好的功能性,就不是好的设计。

很多箱包的品牌都是建立在功能性、实用性的基础上的,箱包的功能也体现出了人们在日常生活中的不同需求。只有满足用户的需求,才能创新出新的功能,吸引消费者的注意,扩大产品的影响力。以用户需求为基础的箱包功能性设计原则可以从三方面考虑:自由组合、整体部分和场景转换。

(1) 自由组合,是指在箱包的使用过程中可以自由地拆卸组合,以折叠、从大变小或拆卸组装的方式实现箱包的自由组合。例如 M&S 的皮箱在使用过程中可以进行自由的拆卸以及组合,既可以是手提箱或拉杆箱,也可以是折叠皮箱等多种情况。

(2) 整体部分,是指把箱包作为一个整体,分成不同的部分,分则各自独立,合则有机统一。例如 M&S 的皮箱,在设计行李箱时,考虑了行李托运的用户需求,实际设计时使箱包可以折叠使用,外部由三部分构成,而内部设计成两层。在物品相对较少的情况下,可以卸下一层。

(3) 场景转换,是根据箱包的使用场景主导的箱包功能设计,在设计过程中考虑到一种箱包的不同使用场景,以用户的需求为中心转换箱包产品的场景,把所有使用场景串联到一起,提取最后的功能性设计。例如 M&S 的皮箱,在箱包的后面增加了两个肩带,用户在实际使用过程中可以把它作为普通的背包,增加了用户在上、下车以及其他旅行过程中的便捷;箱包还具有防盗功能,这考虑了旅途中的安全问题。

箱包是人们日常生活当中重要的生活用品,需要将功能、时尚及实用结合到一起。在整个设计过程中,需考虑用户的多种需求,找到不同的切入点进行箱包的功能性设计,让箱包大方得体而又不失其原本的色彩,同时满足用户的多样化需求,如图 6-1 所示。

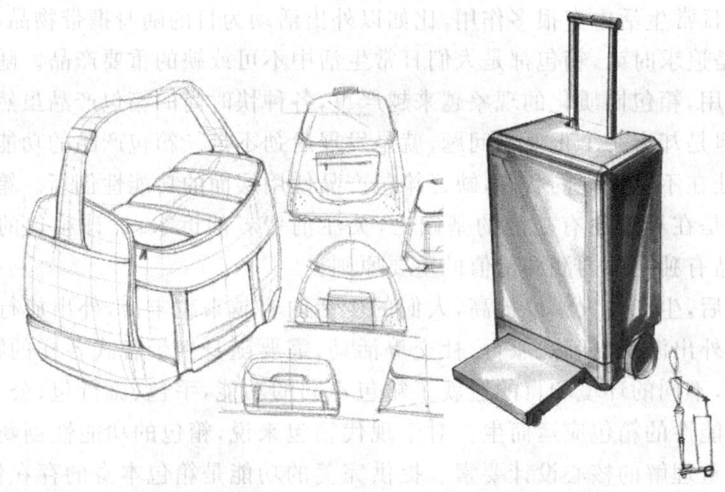

图 6-1 箱包功能性设计

三、箱包个性化设计的原则

马斯洛在《人类激励理论》一文中提出了著名的马斯洛需求层次理论,将人类需求从低到高按层次分为五种,分别是:生理需求、安全需求、社交需求、尊重需求和自我实现需求。需求是每个人都会有的,在某层需求获得满足后,另一层次较高的需求才会出现。自我实现需求是满足前四种需求后才会出现的需求,当物质极大丰富时,人们对于精神层面的需求就会较为强烈。个性化设计原则遵从人的内心个性,以满足人们对于自我实现的需求为目标主导箱包产品设计。

由于个人审美和爱好的不同,用户越来越倾向于具有地域特色、带有文化元素或与自然形态结合的设计较为独特的箱包产品,其附加价值(美学价值)的增加,可以突出个人风格和品位。如图 6-2 所示为一款个性化设计的箱包。例如,采用"梅山剪纸"进行时尚箱包的高级定制,"眉山剪纸"在民俗中采用具有喜庆寓意的图案颜色,重新搭配颜色和图案后将之应用到箱包中,可以提升箱包外在色彩和图案的感染力,增加箱包产品的个性化表达。

目前国内箱包市场上包袋的设计跟风严重,设计、创作低迷,箱包之间相互抄袭、借鉴,使箱包外部造型、色彩搭配相似,显示不出箱包本身的特点。将民族文化、传统文化应用到箱包设计中,能提高箱包的魅力,更好地延续、传承文化,突出箱包中的文化内涵,同时也能彰显出用户的自我追求。

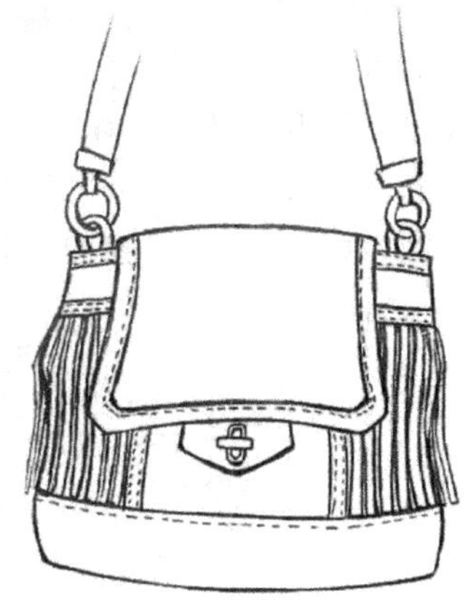

图 6-2 箱包个性化设计

四、箱包系列化设计的原则

当人们喜欢某种事物时,会喜欢它衍生出来的一系列事物。从心理学的角度来说,这是用户对和自己品味相一致的产品的认可,通过产品与自身形象的一致性来向外界表达自我的一种方式。观察近几年的箱包发展趋势,可以明显感受到箱包新品多以系列化呈现。系列化设计原则是在抓住用户心理需求的基础上,让产品对外界延伸,使它们之间具有趋同性和共性的特征。箱包产品通过这种趋同性和共性特征,展示出产品的整体性和多样性,进而让箱包产品有更强的艺术表现力和视觉冲击力。简单来说,系列化设计是在保持箱包产品间的传承关系的基础上,通过量的变化最终完成质的飞跃。换句话讲,按照箱包的系列化设计原则创造的系列产品不仅是一件件单品,而且将这些产品统一到一个品牌中,让用户加深对这种品牌的印象,以系列化的共性特征增强整个箱包产品品牌的个性特点。

箱包产品的系列化设计,可以从几个设计要素来考虑:主题、形态、标识、色彩、图案、工艺及部分细节等。系列化设计需要在分析用户对哪种要素的欢迎程度最高,把最受用户喜爱的设计要素提取出来,再把它们重新组合到另一个箱包产品中,产生更具艺术魅力的新箱包。其中,可能用到不止一种设计元素,很可能是多种元素交叉使用。例如,巴西品牌 Rogerio Lima 窗格系列箱包采用的系列化设计元素是以窗格的图样为主的主题元素,截取部分窗格的图样、用压印、镂空等工艺附着在不同包型、材料、色彩的系列产品上。虽然各有不同,但统一的窗格主题元素却能让人一眼就感觉到系列化的特征。大体上来说,箱包系列化最后的落脚点还是塑造产品统一的品牌印象,利用不同的设计元素,达到最终系列化设计的目的。这不是简单的数量的变化,其意义在于将产品统一后让用户可以感受到一种系列感,品牌的气质不能变,共性的特征必须存在,这才能够称之为系列化设计。

在形态、色彩、标识设计元素上的系列箱包产品数量较大,因为它们最容易形成一定的体量感,在陈列展示时会有更好的视觉冲击力。在进行品牌推广后,系列化设计的箱包产品可以"打包"传播,力度非常大,能达到以不同系列箱包产品为核心,用统一的设计语言提升整体的品牌形象的效果。箱包系列化设计的原则有效地将各个箱包单品串起来,使之成为系列的作品,体现出一种精神的延续,各个造型或功能等之间有所不同,这又产生了可察的关联,如图 6-3 所示。

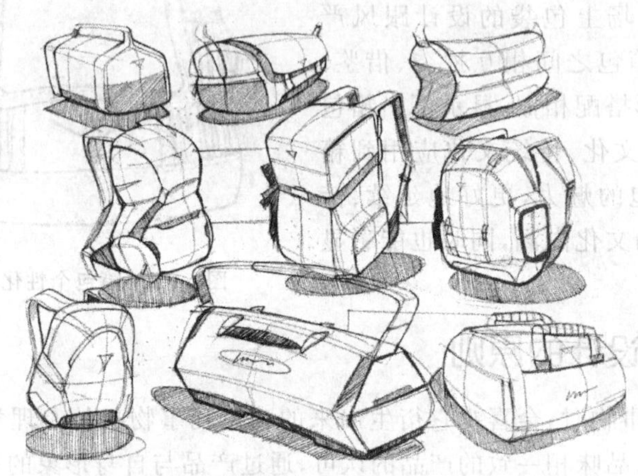

(a) 箱包系列化设计1

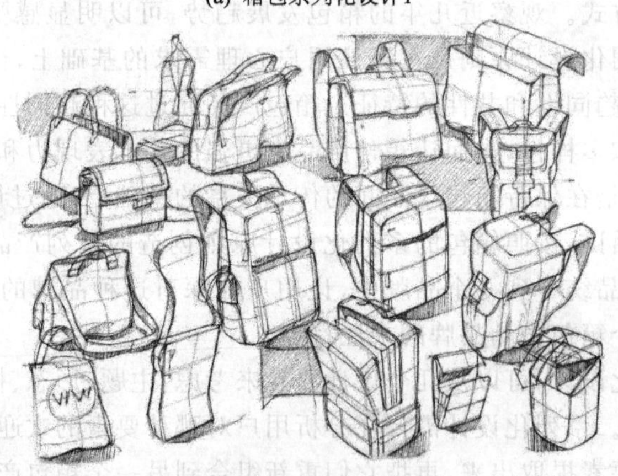

(b) 箱包系列化设计2

图 6-3　箱包系列化设计

6.4　基于用户需求的箱包产品设计流程

一、传统箱包产品设计流程的特点

传统箱包产品在设计研发的过程中,各箱包按照先后顺序逐项完成开发任务,在上一个环节任务结束之后,再进入下一环节任务。在任务开始后,首先开展的是市场调研工作，树立此次箱包产品设计的理念，箱包的技术部门会根据设计理念给出具体的工艺方案。紧接着箱包采购部开始制成样品。但如果用户发现了产品的问题，给予相应的反馈后，设计部会重新作出新的调整方案，所有的流程再重新走一遍，既费时又费力。此外，由于各个部门之间相互独立而缺少及时的沟通，在设计的初期往往容易忽视工艺、生产流程中的实际要求和具体情况。这就导致了设计与生产的适应性较差，最终的结果是设计工作任务复杂繁重，箱包产品的成本居高不下，设计研发时间过长，无法快速应对复杂多变的箱包市场。若箱包设计与制造沟通不及时，产品的质量就无法保证能达到最好，不能快速响应市场中用户的需求变化，不利于竞争力的提升。

二、基于用户需求的箱包产品设计理念

为了避免箱包产品从设计到出售的时间过长，需要在箱包产品设计研发的过程中不断地关注用户需求，以基于用户需求的箱包产品研发理念来主导设计，满足不断变化的客户需求，快速响应箱包的时尚潮流。因为箱包行业是难以预测需求的，如果能在设计研发的过程中就以用户需求为中心，则可以及时应对各种市场变化情况，不用进行大批量的提前存货。这需要企业中的箱包开发团队有自己的设计师、市场、采购和生产规划人员，他们需要共同参与到设计方案的分析和完善中，简化内部的沟通环节，提高沟通的效率。

基于用户需求的箱包产品研发理念体现在当设计师给出箱包产品的设计图稿时，生产人员、采购人员、市场人员能及时与设计师进行沟通，设计师根据他们的反馈做出适当的更改，使箱包产品的款式、颜色以及材质适应市场时尚发展趋势，设计师不会因个人风格的影响而让品牌失去本土的风格。及时共享信息的好处，是使计划得以更好地贯彻落实，提高执行效率。设计方案完全敲定后，市场部人员会对新产品的成本及价格做出合理估计，大量收集箱包市场的时尚资讯和用户的需求变化，全方位地整合现有资源，最后完成适应市场并迎合用户口味的箱包产品。

三、基于用户需求的箱包产品设计流程

在基于用户需求的箱包产品研发理念之下，箱包产品研发的流程在刚开始应该考虑的问题是箱包产品上市的时间，设计师、生产销售人员、市场采购人员、供应商与用户在设计的初期，就参与到箱包的设计工作中。

在设计流程的开始是大量搜集数据信息的阶段，要进行箱包的流行趋势、用户信息、箱包信息反馈（畅销设计元素、用户需求分析）、采购预算等信息的收集工作。设计与采购同时进行，需要注意的是，在箱包产品设计初期就应该有物料采购人员提出物料可行性意见，并建立和维护皮革原料信息、设计元素库等。在皮革原料的规划过程中，主要针对面料的品质、风格和手感进行规划，积极贯彻基于用户需求的箱包产品设计理念。

然后，将收集来的所有信息汇总整理，提炼出这次设计的核心用户需求，拟定设计的主题，同时也为品牌的推广和营销工作做准备。针对拟定的设计主题，考虑箱包产品上市的速度和成本，选择联系周边的供应商。在设计方案初步确定后，还要同时监控查看皮革面料的信息和用户的反馈(设计元素、材料信息)，根据用户需求时刻调整设计方案和材料的准备工作，这样能快速开展后续工作而不用返工。技术工艺人员也要在同一时间段完成技术工艺可行性的分析，控制成本和质量。紧接着箱包的设计、备料、打版、制作等环节并行进行，其中任一环节出现任何问题都可以与相关专业人员及时沟通，并及时修改或完善该环节。最后，通过设计师、项目经理等共同决定是否通过这个方案。当整个过程被审核确认后，进行大批量、一定规模的箱包生产。

这种基于用户需求的箱包产品设计流程降低了错误率，减少了返工情况的出现，节约时间，还使产品的成本下降，从而提高了箱包产品的竞争力。找到合适高效的设计流程是箱包品牌取得成功的关键，基于用户需求的箱包产品设计流程为国内箱包产品设计流程提供了借鉴和参考，如图 6－4 所示。

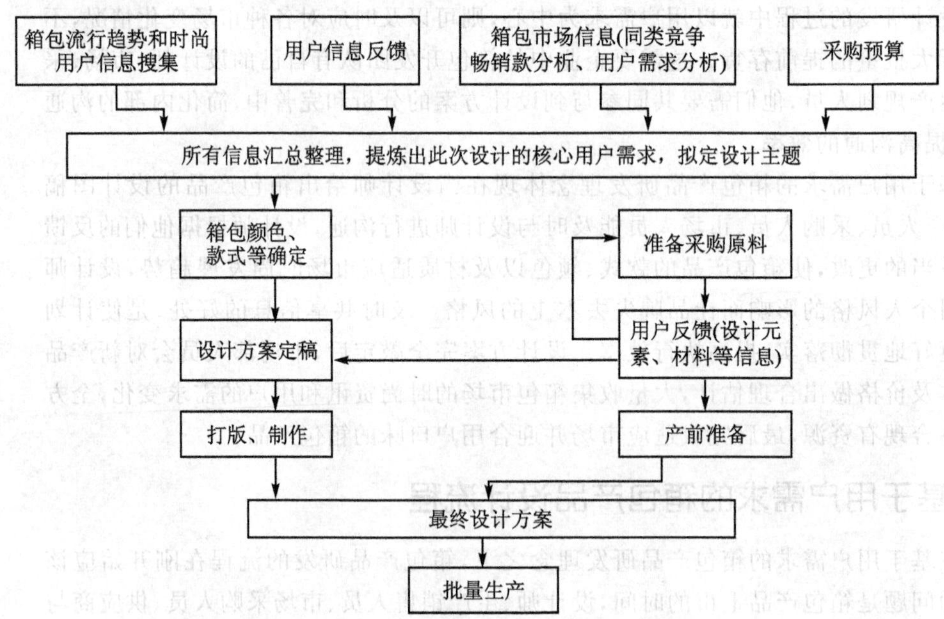

图 6－4　基于用户需求的箱包产品设计流程

第 7 章

基于用户需求的箱包产品设计作品案例

7.1 基于用户需求的箱包产品设计作品案例 1

辽宁省海城市地方特产——南果梨文创箱包设计如图 7－1 所示。

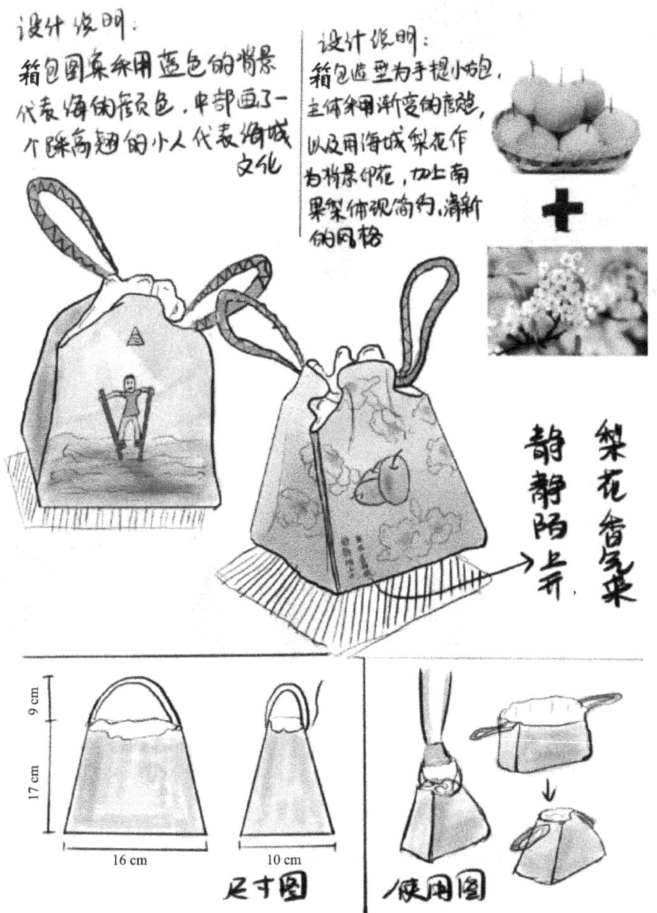

图 7－1　辽宁省海城市地方特产——南果梨文创箱包设计

7.2 基于用户需求的箱包产品设计作品案例 2

旗袍文化箱包设计如图 7 - 2 和图 7 - 3 所示。

图 7 - 2　旗袍文化箱包设计(1)

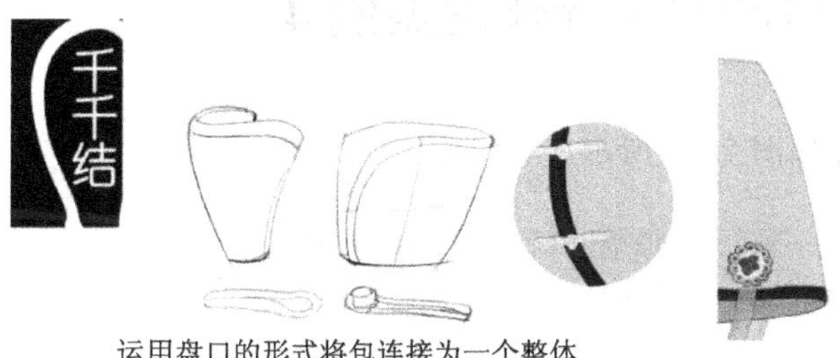

运用盘口的形式将包连接为一个整体

旗袍盛行于20世纪30—40年代，旗袍追随着时代，承载着文明，以其流动的旋律、潇洒的画意与浓郁的诗情，表现出中华女性贤淑、典雅、温柔、清丽的性情与气质

图 7-3　旗袍文化箱包设计(2)

7.3　基于用户需求的箱包产品设计作品案例 3

基于儿童情感需求的双肩包设计如图 7-4 所示。

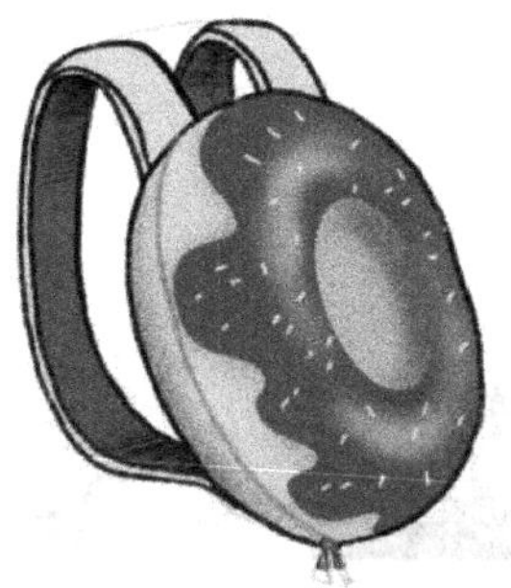

图 7-4　基于儿童情感需求的双肩包

7.4 基于用户需求的箱包产品设计作品案例 4

基于儿童情感需求的拉杆箱设计如图 7-5 所示。

长颈鹿儿童智能行李箱

图 7-5 基于儿童情感需求的拉杆箱

7.5 基于用户需求的箱包产品设计作品案例 5

基于蒙古族民族元素的箱包设计如图 7－6 所示。

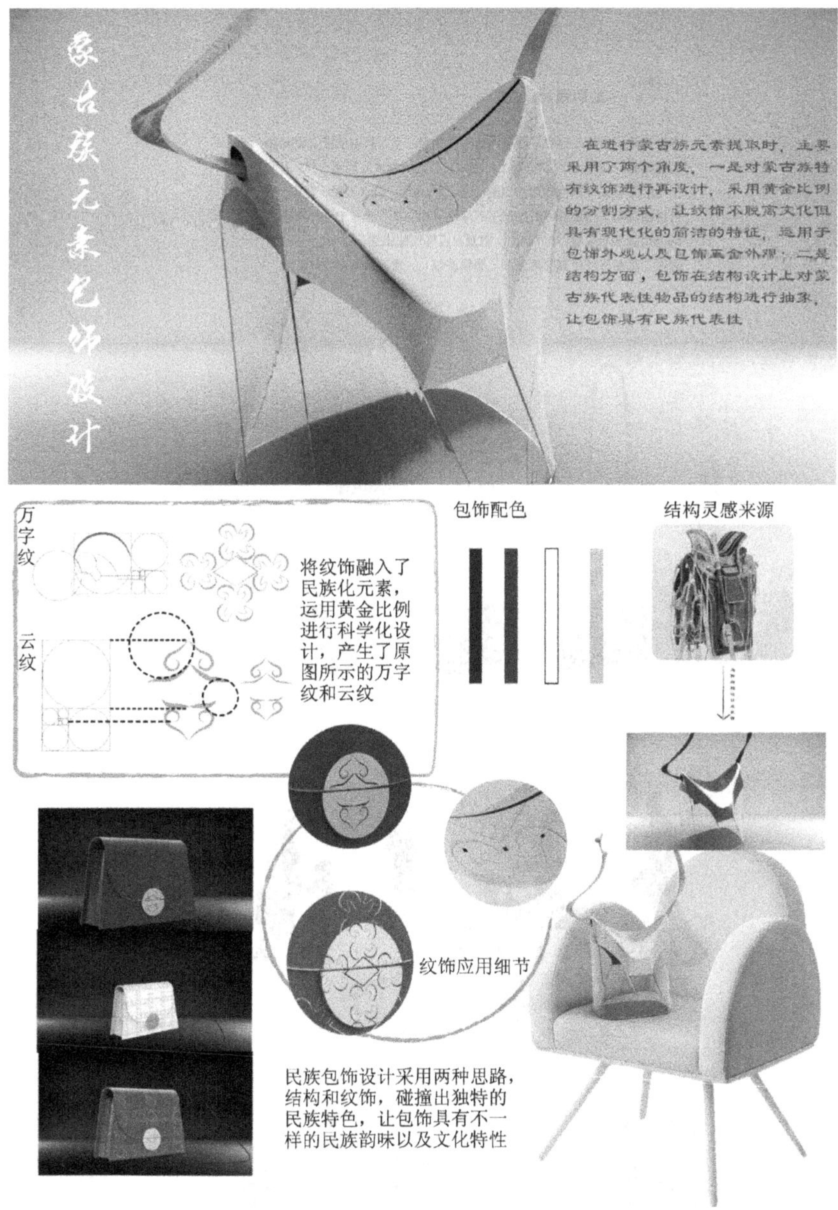

图 7－6 基于蒙古族民族元素的包

7.6 基于用户需求的箱包产品设计作品案例 6

基于可持续产品需求下的绿色包设计如图 7-7 所示。

图 7-7 基于可持续产品需求下的绿色包

参考文献

[1] 李雪梅. 现代箱包设计[M]. 重庆:西南师范大学出版社,2010.

[2] 王立新. 箱包设计与制作工艺[M]. 2 版. 北京:中国轻工业出版社,2014.

[3] 李春晓. 时尚箱包设计与制作流程[M]. 北京:化学工业出版社,2018.

[4] 郝志中. 用户力:需求驱动的产品、运营与商业模式[M]. 北京:机械工业出版社,2016.

[5] (美)科尔科. 交互设计沉思录:顶尖设计专家 JonKolko 的经验与心得[M]. 2 版. 方舟,译. 北京:机械工业出版社,2012.

[6] (美)杰西·詹姆斯·加勒特. 用户体验要素:以用户为中心的产品设计[M]. 2 版. 方舟,译. 北京:机械工业出版社,2019.

[7] 黄蔚. 服务设计驱动的革命:引发用户追随的秘密[M]. 北京:机械工业出版社,2019.